地下城数学王国历险记

荣耀石的重生

纸上魔方 著

吉林出版集团股份有限公司｜全国百佳图书出版单位

图书在版编目（CIP）数据

荣耀石的重生 / 纸上魔方著. — 长春 :吉林出版集团
股份有限公司，2015.8（2022.9重印）
　　（地下城数学王国历险记）
　　ISBN 978-7-5534-4013-2

　　Ⅰ.①小… Ⅱ.①纸… Ⅲ.①数学—少儿读物
Ⅳ.①O1-49

中国版本图书馆CIP数据核字(2014)第035738号

地下城数学王国历险记

荣耀石的重生

RONGYAOSHI DE CHONGSHENG

著　　　者：纸上魔方
出版策划：齐　郁
项目统筹：郝秋月
责任编辑：徐巧智
责任校对：颜　明
出　　版：吉林出版集团股份有限公司（www. jlpg. cn）
　　　　　（长春市福祉大路5788号，邮政编码：130118）
发　　行：吉林出版集团译文图书经营有限公司
　　　　　（http://shop34896900. taobao. com）
电　　话：总编办 0431-81629909　　营销部 0431-81629880/81629881
印　　刷：鸿鹄（唐山）印务有限公司
开　　本：720mm×1000mm　1/16
印　　张：9
字　　数：100千字
版　　次：2015年8月第1版
印　　次：2022年9月第19次印刷
书　　号：ISBN 978-7-5534-4013-2
定　　价：39.80元
印装错误请与承印厂联系　　电话：13901378446

母猫美娜

主人公介绍

公猫迪克

猫王波奥

地下城猫王国

公猫伯爵

母猫妮娜

猞猁虫虫

猞猁瑞森

猞猁王莫多

猞猁弗伦

托博

老寿星

布鲁

穿山甲国

媚媚

杰伦克

飞蛾黛拉

鼠小弟洛洛

小青虫苏珊

人面蛾

树上的城堡

大青虫

大盗飞天鼠

海盗桑德拉

海盗军师

海盗卡门

海盗王

海盗们

老海盗王

海盗菲尔

地洞里的动物们

蝲蝲蛄马克

蚰蜒爷爷

蚯蚓大叔

蝲蝲蛄大婶

蜈蚣普里

蚯蚓艾比

目录

CONTENTS

青蛙妈妈有办法

"我要能射出胖鳕鱼的水枪。"小青蛙丘吉大喊。

"我要珊瑚面包。"小青蛙乔乔也不甘示弱。

所有的小青蛙你一句，我一句，都渴望在生日到来那天收到各种各样的礼物。这可愁坏了青蛙妈妈丽莎、蔓达与吉莉。它们根本没有足够的金币购买这么多礼物。

"我的小青蛙想要1支胖鳕鱼水枪，2个珊瑚面包，3个珍珠溜溜球，4片蚊子口香糖，5双蛙鞋，6顶帽子，7本故事书，8张铠甲勇士纸牌。"吉莉把所有的口袋翻了一遍，摇摇头，"我的金币只够为1只小青蛙购买这些礼物，可是我的10个孩子全都要。"

"一定是它们商量好了的，我的8只小青蛙也要同样的礼物。"丽莎说。

"我的也一样。"蔓达说，"一共16只小青蛙。"

"如果少给一个，"吉莉苦恼地说，"它们一定又吵又叫不罢休。"

丽莎、吉莉和蔓达四处想办法，甚至连沉睡了几年的甲鱼爷爷也惊动了，谁也没拿到足够的金币。

蔓达失魂落魄地回到家，吉莉与丽莎也腰酸背痛地跑回来，躲进被窝里抹眼泪。

　　蛤蟆老兄来做客，听到它们的遭遇，连忙摇摇头："过生日可以要礼物，但可不能这么奢侈和浪费。"

　　三姐妹想了想，丽莎说："它们不仅全要，还每样都得好几个。"

　　"它们不知道妈妈挣钱有多辛苦。"吉莉说，"6顶帽子5双鞋，没等穿坏就变小了。"

　　"可是，即便每只只买一样礼物，"蔓达说，"我们也没有那么多金币。"

　　蛤蟆老兄回忆起小时候的事："你们忘了吗？我们的妈妈都很严厉，生日只送一件礼物。"

　　"小青蛙们可不这样想，只要不让它们满意，一定哭个不停，闹个不休。"丽莎说。

蛤蟆老兄想到了好主意："你们要小青蛙跟我玩一天，保证它们只要一件礼物。"

青蛙三姐妹半信半疑，把小青蛙全都送到了蛤蟆老兄家。

小青蛙们吵着向蛤蟆老兄要礼物。

"我们快来做游戏，只要你们全都顺利闯关，最后就会得到最神秘的礼物。"蛤蟆老兄说，"但必须答应我，不再缠着妈妈要礼物。"

小青蛙们最喜欢和蛤蟆老兄做游戏，想都没想就答应了。

"1支胖婴鱼水枪，2个珊瑚面包，3个珍珠溜溜球，4片蚊子口香糖，5双蛙鞋，6顶帽子，7本故事书，8张铠甲勇士纸

牌。"蛤蟆老兄说："每一样礼物前面的数字，正好是从1到8。谁能把这8个数字用加、减、乘、除号连接起来，并使这个等式的最后结果等于1，就能得到象征着荣誉的奖品——这可比生日礼物有意义多了。"

小青蛙们又蹦又跳。

"我来试试！"丘吉抢着说，"嗯……1+2×3？"

"哈哈，结果是7，不是1。而且你没有把这8个数字都用上。"蛤蟆老兄冲它挤挤眼睛，笑着说。

"让我来！让我来！"乔乔大声嚷着，但是它口算速度不够快，只好随便说，"1+2×3−4+5……哎呀呀，结果是多少啊？"

"1+2×3−4+5=8！"小青蛙豆豆脑子灵活，一下子就帮乔乔算出了答案，但它接着瞪起了眼睛，"可是，结果还是不等于1啊，而且没有用上那8个数字！"

蛤蟆老兄赞许地说："算得很快嘛，继续想想。"

小青蛙齐纳很细心，它拿出了纸和笔，边写边想："有了！1+2×3−4+5=8，那么，再看8怎样组算式能使结果等于1，而且，这个算式中只能出现6，7，8这三个数字……"

它还在算着，旁边的丘吉看出了门道，兴奋地大叫，"我知

4

道！后面应该这样写！"

丘吉拿过笔，在纸上写下一行算式：

$$1+2\times3-4+5-6+7-8=1$$

蛤蟆老兄爽朗地笑了起来，"真是一群聪明的孩子！"它先是表扬了大家，然后既和蔼又认真地说，"你们明白了吧？兄弟姐妹之间一定要团结，大家的智慧凝聚起来，就能克服难题。而且，不光要团结兄弟姐妹，还要体谅妈妈。它们每天都很辛苦地照顾你们，想方设法地逗你们开心，你们也要让妈妈开心快乐才对。"

"可是……妈妈们最近都不太开心。我前几天听见妈妈晚上在哭。"小青蛙乔乔说。

"是因为我们都想要好多好多的生日礼物。"豆豆愧疚地低下了头。

"我们去跟妈妈道歉！我们什么礼物都不要了！"丘吉大声说。

"生日礼物还是会给你们的，只是不要太贪心——如果一下子什么都得到了，生活不就变得太乏味了吗？还是靠自己的头脑去争取奖品更有意义，对不对？来，我替你们的妈妈送给你们一人一件生日礼物好了。"

蛤蟆老兄送给每只小青蛙一支胖婴鱼水枪，小青蛙们兴高采烈地拿去玩了，它们很开心，也没有再去跟妈妈要更多的礼物。

三个青蛙妈妈对蛤蟆老兄这个教育孩子的专家又是感谢，又是佩服。

地下城重生

"救命！"猫王波奥做了一个非常可怕的梦，梦到地下城要塌陷了。

轰隆。

波奥从睡梦中惊醒，身体一滑，掉进了水里。

它惊恐地发现这根本不是梦。

它忽然想起祖先铠甲勇士说过的话，当一只猫变成铠甲勇士时，就会提前预知灾难。

波奥在水里挣扎着，眼前房倒屋塌。

"绝对不能让地下城里的动物被淹死。"波奥咬着牙齿，飞快地攀着石柱朝外面的大厅冲去。

所有的猫都从梦中惊醒，在四处逃窜。

"别惊慌。"波奥叫道，"赶快前往地下城的荣耀石。"

波奥之所以这么命令，不仅是因为那里地势最高，还因为地下城每隔几百年就要塌陷一次，而只有荣耀石那里不会塌陷。如果有哪一个拥有智慧的动物打开通往重生的通道，地下城就会从死神的手里逃脱出来。

等到猫国里的猫们全都逃到荣耀石上，宽阔的石壁上已经聚集了几乎地下城里所有的动物。

猞猁们垂头丧气。

猞猁王莫多说："古往今来，只有一位猞猁祖先打开过通往重生的通道，但它古老得都要从猞猁历史中消失了。"

穿山甲托博的眼睛里充满了绝望："我们根本不知道地下城有一天会消失在沼泽地里。"

成为铠甲勇士后，波奥变得比以前冷静了很多。即使面对着危急的形势，它依然很镇定，头脑还很清醒。

"看，荣耀石上出现了神秘的符号！"

大家都抬头望去，只见荣耀石上有闪闪发亮的数字，它们好像是一个模型，又好像是一幅图表：

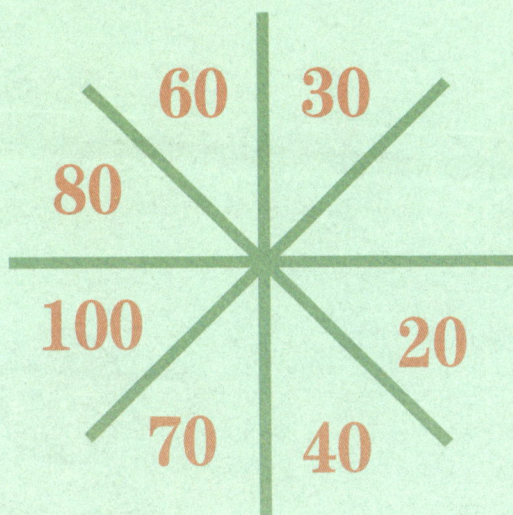

"这是什么意思啊？"地下城的动物们议论纷纷。

"别慌张，别害怕，地下城自古以来每隔一段时间就会重生。"波奥说，"这荣耀石也具有高贵的生命和慈悲的心肠。只要能在这个图中填上正确的数，地下城将重新焕发勃勃生机。"

猞猁与穿山甲已经争吵起来，只为谁能够站在最高的位置，不被水冲走。

"听着，"波奥大吼，"团结起来，否则，谁也逃脱不了被淹死的命运。"

所有的动物都焦躁地跑来跑去，它们太惊恐了，以至于没办法冷静下来，去思考怎么解决这个难题。

波奥冷静得像一座石像，它厉声说："妮娜、伯爵、托博、杰伦克！现在是发挥你们聪明头脑的时候！你们一向很擅长算术知识，请冷静下来解决这个难题，解救地下城的居民！"

"它说得对！"妮娜虽然也很害怕，但它强迫自己冷静下来，"慌张是无济于事的，要冷静，要保持头脑清醒，这样我们才有可能活下去。"

"想要填补正确的数，首先要找出已有数之间的规律！"托博也冷静下来，仔细研究着荣耀石上的数图。

在波奥的鼓舞下，地下城的居民们渐渐地恢复了勇气。

"这个图由4条直线组成。"托博说。

"4条直线划分出了很多角，可以看到，每个角里都有一个数字。"杰伦克说。

"那个空白处，一定也是要填一个数。"伯爵说，"看看其他数之间有没有某种规律？"

"我懂了！"妮娜说，"对顶角里的数是存在规律的！"

"什么是对顶角？"其他几个动物异口同声地发问。

"一个角的两边分别是另一个角两边的反向延长线，这两个角就是对顶角。两条直线相交后所得的只有一个公共顶点，且两个角的两边互为反向延长线，这样的两个角叫作互为对顶角。"妮娜解释说，"大家看，写着'60'的角的对顶角里，写的是'40'；而写着'30'的角的对顶角里，写的是'70'；写着'80'的角的对顶角里，写的是'20'……"

波奥忍不住插嘴说："好了！我们知道什么是对顶角了！那么能不能请妮娜小姐快点说一下，这图上的数之间，到底有什么规律？那个空白的地方，我们到底应该填什么数？"

让它不明白的是，其他几个动物听完妮娜的解说，竟然都是一副如释重负的样子。

托博轻轻地笑了起来："经过妮娜的解释，现在已经很明显了呀。"它对波奥说，"您看，这个图的奥秘就在于，对顶角里的两个数，相加之后的和正好等于100。60+40=100，30+70=100，80+20=100……"

伯爵说："空白处的对顶角上写着100。"

波奥愣了一下，"什么数加100等于100？"话一出口，它猛然拍了一下自己的脑袋，"当然是0啦！"

大盗飞天鼠来地下城是为了见识一下未来镜的，没想到碰上了这个突发事件。它本来一直安静地站在波奥身边，想看看传说中的铠甲勇士是不是真有那么勇敢威武。听到这里，它二话没说，身手敏捷地爬上了荣耀石，在空白处写上了"0"。

地下城立刻闪烁出金光，原本摇摇欲坠的城墙变得比之前更牢固了，而那些一直在蔓延的黑水快速地渗入了地下。地下城安全了。

"让大家见笑了。"波奥羞愧地说，"妮娜已经讲得很明白了，我却还一直在问。"

"不，您在最危急的时候表现出了可贵的冷静和无与伦比的领导力，您是地下城真正的勇士。"妮娜和地下城所有的居民都把钦佩的目光投向了波奥。

"不愧是传说中的铠甲勇士。"飞天鼠心想，"我真是不虚此行。"

60 30
80 0
100 20
70 40

餐桌与隐士

　　老海盗王游历归来，每天都给海盗们讲述各种各样的惊险奇遇。众海盗听得津津有味，别说去四处掠夺，就连一日三餐吃起来也没有滋味了。

　　"叔叔，真像你说的，世界上有一张永远也吃不完美味的餐桌吗？"海盗王问。

　　"只要饿了，念出咒语，桌子上就会出现你想吃的任何东西。"老海盗王说，"管它是蓝龙虾，还是白蚁沙拉。"

　　海盗们的口水快要变成小河了。

　　"可是，这张神奇的桌子，真的沉在大西洋最深处？"海盗

菲尔问。

"一点没错。"老海盗王说，"我多次去赴过宴。与守护它的海鳗是顶好的哥们儿。如果我没记错，海鳗已经在半年前老死了。谁最有智慧，就可以继续享用桌上的美味。"

在老海盗王的带领下，海盗们来到大西洋，并通过一条神奇的水下通道，一直走到海底墓地。在古代王公贵族的大船残骸里，找到桌子并带上了海盗船。

从此，海盗们吃不香，睡不着，每天都研究这张巨大无比的桌子。

遗憾的是，老海盗王居然忘记那句咒语了："不过，海鳗老兄曾给过我一

副塔罗牌。他说只要我破解了塔罗牌中的奥秘。塔罗牌中的隐士将告诉我那句咒语。"

老海盗王抽出了好多张塔罗牌，摆成以下方阵：

	世界	隐士	战车	高塔	死亡	坚强	魔鬼	太阳
○								太阳
世界	世界	世界	世界	世界	世界	世界	世界	世界

"这副牌具有魔法，现在不能翻开，一旦翻开，咒语就会失效，我们就什么也得不到了。已知不同的牌代表1~9之间不同的数字，而'太阳'这张牌代表的数字是9。现在需要我们推算出剩下

的牌分别代表的是什么数字，并在圆圈中填上运算符号，只要能让这个算式成立就算对。如果我们破解出这组数字，得到咒语，就能享受永远吃不完的美食。"

"这样一来，我们就不用四处掠夺了。"海盗桑德拉高兴得跳起来。

海盗菲尔虽然不爱说话，但却十分聪明。它瞅了这个牌阵好久，突然开口对老海盗王说："这10张'世界'是同一个数字。"

老海盗王偏过头，看向菲尔："哎哟，这也算你的新发现吗？刚才我已经说过了不同的牌代表不同的数字，而相同的牌代表的数字也都相同。所以，这10张'世界'本来就代表的是同一个数字啊！"

菲尔并不在乎老海盗王的态度，继续说道："圆圈里的运算符号，我猜应该是乘号。因为如果是加号、减号、除号，运算结果等于由一串相同数字组成的数，这个概率虽然也存在，但是会很低。"

老海盗王点点头，虽然没说话，但眼神里有了一些兴奋。

"不如我们就先用乘法解一下这道题，既然您说过'太阳'代表9。那么太阳乘太阳就是$9 \times 9 = 81$。嗯，末位是1。那么'世界'就是代表1，而横线下面9个数字都是世界，它们都是1，也就是说这道题的乘积是111111111。再看下一位与9相乘之后，再加81的十位上进位的数字'8'是否也能得出末位为1的数？8？8是不行的……"菲尔眼睛一亮，"哈，应该是7。$7 \times 9 + 8 = 71$，此时向前进位是7，$6 \times 9 + 7 = 61$，尾数也是1，此时向前进位是6……然后利用相同的方法，我们就可以得到正确的答案了。"

老海盗王高兴地点了点头。

菲尔很快就解出了这道题。它在纸上写下了：

$$\begin{array}{r} 1\ 2\ 3\ 4\ 5\ 6\ 7\ 9 \\ \times \qquad\qquad\qquad 9 \\ \hline 1\ 1\ 1\ 1\ 1\ 1\ 1\ 1\ 1 \end{array}$$

　　老海盗王果断地把牌都翻了过来，反面的数字跟菲尔写下来的一个不差。突然一个身影一闪而过，只留下了一句话，正是那句咒语……

数金币的竹节虫

"已经过去7天，限你在3天之内把2999个金币交给我！"竹节虫气势汹汹地吼叫道，挥舞着两只钳子似的大手。

大嘴蛙吓得浑身发抖，连忙点点头。

大嘴蛙害怕竹节虫并不是因为它身强力壮，实际上，这只竹节虫虽然长得又大又高，却从来也不打人。

它之所以害怕竹节虫是因为竹节虫的乌鸦嘴。

竹节虫说谁今天会捡到金币，这个家伙不一定真能捡到。但它如果说谁今天会遭到海盗们的抢夺，或者遭到狸

2999

猫们的痛打，那么，这些可怕的鬼话准能成真。

大嘴蛙吸了一口冷气："可是，金币的数量太多，我总是数错。"

竹节虫刚怒气冲冲地张开嘴，大嘴蛙连忙吓得钻进它的淤泥城堡里。

"大嘴蛙，你怎么了？"黑龙凯西巡河到此，听到了大嘴蛙的叹息。

"做流浪艺人这么多年，我共攒下3584个金币。"大嘴蛙从淤泥里钻出来，"但我生性喜爱冒险，到处惹是生非，居然敢跟打赌大王竹节虫打赌。结果，我像它许许多多的对手一样输掉了。"

"输了多少金币，全都给它不就得了。"黑龙凯西说。

"你说得倒轻巧。"大嘴蛙撇撇嘴，"一共2999个。"

凯西吃惊之余，说："我去叫我的兄弟来，保准帮你渡过难关。"

黑龙不仅叫来黄龙犹利，还叫来龙公主与它的仆人琳迪。大家一头扎进金币堆里，数了整整两天两夜，才数了1000多个金币。更可怕的是，数过多少个，它们早就忘掉了。

"再这样下去，竹节虫一定会诅咒我的。"大嘴蛙急得哇哇哭，"我会连一个金币也不剩。"

琳迪皱着眉头说："我们数得太慢了，要是有更多的朋友过来帮忙就好了。"

犹利与凯西直摇头："能帮忙的朋友已经都在这儿了。"

大嘴蛙一听，哭得更伤心了。它发誓以后再也不胡乱跟人打赌了。

"别哭，别哭，让我想想看。"琳迪镇定地说，"2999+1=3000，3584-3000=584，584+1=585。也就是说，等大嘴蛙把赌债都还给竹节虫之后，它剩下的金币还有585个。"

"唉，一下子就少了这么多金币，真可惜。"犹利与凯西连连叹气。

"别打岔！我的意思是，我们可以换一种思考方式。"琳迪耐心地跟大家解释，"如果一下子要数出2999个金币来，是会很慢；可是如果只数出585个金币来的话，我们这么多人，一定能在短时间内完成。所以，我们只需要数出585个金币来，让大嘴蛙自己收好，其他的都给竹节虫就可以了呀！"

　　"你保证这样就能让竹节虫满意吗？"大嘴蛙眼泪汪汪地问。

　　"放心吧，肯定没错的。你留下585个金币，剩下的刚好是2999个金币，正好是你欠竹节虫的赌债。只是，你要记住，以后不能再跟人打赌了！"琳迪严肃地告诉大嘴蛙。

逃走的沼泽怪兽

妮娜匆忙的脚步声从门外传来，波奥也腾地从椅子上跳了起来。这几天，沼泽怪兽入侵地下城，不仅毁坏了许多建筑，还要猞猁国、猫国和生活在下下城里的穿山甲们，每天奉上许多食物。

沼泽怪兽稍有不满就会发威，所有的动物都吓得胆战心惊。

"蚰蜒爷爷把赶走沼泽怪兽的线索告诉我们了。"妮娜刚从蚰蜒爷爷的住处赶回来，身后跟着6个巨大的气泡。前面3个气泡是红色的，后面3个气泡则是蓝色的。

"蚰蜒爷爷给我们的线索就是这些气泡吗？"波奥难以置信地盯着气泡发问。

"是的，线索就在气泡中的数字上。"妮娜把一个红色气泡拿到波奥面前，提醒它注意看，"看到没？气泡里面有数字。"

第一个红色气泡里写着：3125。

第二个红色气泡里写着：625。

第三个红色气泡上写着：125。

而另外3个蓝色气泡上则什么都没写。

"这是什么意思呢？"波奥问。

妮娜还没来得及回答，大公猫迪克就从外面匆匆忙忙地闯进门，大声吼道："都什么时候了，你们居然还在玩泡泡游戏！真是没心没肺啊。"

"我们是在想办法解决问题。"妮娜说。波奥赶快把情况跟迪克复述了一遍。

"呃，让我看看。3125？这是沼泽怪兽来地下城的第一天所吃掉的食物的重量，我记得很清楚，是3125千克。"迪克说。

"那你还记得它第二天吃了多少食物吗？是不是625千克？"妮娜问。

"是的。第三天，它吃了125千克的食物。"迪克说，"我还在想，为什么看起来这么可怕的猛兽，吃的东西反而越来越少了……"

"呵呵，你有没有发现，随着沼泽怪兽食量的减少，它的体形也变得越来越小了？"妮娜笑眯眯地问。

"你这么一说……"迪克想了想，点点头，"是比最开始小了很多。"

"蚰蜒爷爷说，沼泽怪兽受一个魔咒的束缚，只要我们按照一定的规律给它食物，它就会离开地下城。"妮娜告诉大家。

"一定的规律？究竟是什么样的规律呢？"波奥问。

妮娜拿出纸笔，在纸上写下：3125、625、125三个数字。

"这三个数字之间有什么规律？"迪克看不明白。

"3125，625，125，这三个数字组成了一个等比数列。"妮娜耐心地解释着，"如果一个数列从第2项起，每一项与它的前一项的比值等于同一个常数，这个数列就叫作等比数列。你们看，$3125 \div 625 = 5$，$625 \div 125 = 5$。"

"是的，那么接下来……"波奥若有所思地说，"我们应该在后面3个蓝色气泡上写出这个数列里剩下的数？"

"125÷5=25，25÷5=5，5÷5=1。"迪克立刻算了出来。

妮娜已经在那三个蓝色的气泡上面分别写下了"25""5""1"这三个数。令大家惊奇的是，原本是蓝色的气泡立刻也像前面那三个气泡一样，变成了红色的气泡。

"对了！接下来的三天里，我们就要按照25、5、1的重量值来给沼泽怪兽提供食物。按照这个办法，怪兽一定会乖乖离开地下城的。"妮娜自信地说。

于是，在接下来的三天里，妮娜真的每天减少给沼泽怪兽的食物重量，先是25千克，再是5千克，最后是1千克的食物。

沼泽怪兽吼叫着，却并不敢袭击妮娜。在吃完最后1千克的食物后，它的身体突然飞速缩小，变成了怪模怪样的小生物，夹着尾巴溜出了地下城。

地下城里再也没有沼泽怪兽的侵扰，所有的动物都来感谢聪明又勇敢的妮娜。

馋嘴刺猬的奇遇

要说下下城里谁最馋，跑不了刺猬布鲁。

它整日东闻西嗅，就是见到生虫的烂蘑菇都想啃一口。

今天早晨，它走到地下河边，听到青蛙妈妈丽莎、蔓达和吉莉在分蛋糕。它们的哥哥大嘴蛙昨天在鼹鼠面包店，特意订了一块大蛋糕，要送给它的外甥们。

布鲁听得口水都流到了河里。

"大蛋糕是被龙兄弟的荷叶舟送来的。"丽莎说，"我们三个得手牵手，才能把它抱起来。"

"外面的蛋糕盒上装饰有巧克力、草莓、甜樱桃和糖霜，"蔓达说，"大嘴蛙哥哥真调皮，偏要我们数清盒盖上印有多少个三角形，才能吃到里面的蛋糕。"

　　布鲁伸长小鼻子，看到地下河的水面上，映出一个巨大的蛋糕盒的倒影，上面有几个三角形，在三角形的顶端，有一小堆它最爱吃的开心果。

　　它急得直跳，口水一直流进了河水里。

　　见布鲁羞得要溜走，吉莉叫住了它："布鲁布鲁你别走，快来帮我们想办法。"

　　布鲁只好红着脸，顿住脚。

"数数上面有几个三角形。数对了，魔法丝带会自动解开。"蔓达说，"到时，蛋糕盒子就送给你。"

蛋糕盒子上也有好吃的东西啊！那些作为装饰用的糖霜、开心果、草莓和甜樱桃多么诱人！布鲁没想到青蛙姐妹居然这样慷慨，口水都流到了河水里。它立刻跑到河岸边，用尖尖的爪子在软软的泥地上画了一个图，跟蛋糕盒子上大嘴蛙画的那个图形一样。

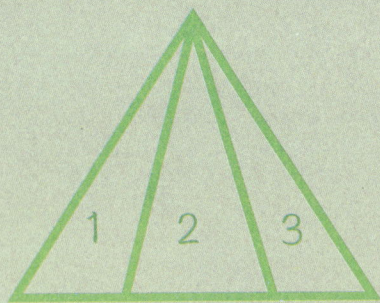

"大三角形中有3个小三角形。"布鲁说。

"这一眼就能看得出来。"丽莎说，"你想告诉我们，3就是你的答案吗？我提醒你，3是错误的。"

"我爷爷曾经教过，怎样算这种'大图套小图'的图案数量。"大嘴蛙说，"你要按照顺序，从左到右在每个小图案中写上一个数字。每个小三角形中我们分别写上1，2，3。其中1和2，2和3可以组成2个三角形，最外面是1个大三角形，然后再这样算：1+2+3=6（个）。"

它抬起头来对着蛋糕盒子说："盒盖上一共印着6个三角形。"

出乎青蛙三姐妹的意料，蛋糕盒子上的魔法丝带立刻解开了。

三个青蛙妈妈终于解决了难题，马上把蛋糕盒赠送给了刺猬布鲁。布鲁想都没想，就把脑袋扎进了开心果堆里。

蜥蜴公爵的印度布料

鼹鼠布兰奇与蒂丝路过鼹鼠克蒂斯家，突然听到一阵责骂声。

"是缝衣店的老板在骂人。"蒂丝很熟悉这个说话声，因为它的妈妈也在帮缝衣店老板酷森缝衣服。

只要衣服上有一丁点儿瑕疵，酷森就要骂人。

今天的叫骂声真是大，它们猜测，一定是克蒂斯的妈妈惹怒

了酷森。

它们慌乱地闯进了克蒂斯家。

"瞧你干得好事！"酷森大吼，"这块印度布料价值连城，你居然绣错了图案。它如果被毁掉，你们的房子就得归我。"

破旧的床上堆着三块布料，旁边躺着生病的鼹鼠妈妈。

克蒂斯说："求你放过妈妈，我们会让你满意的。"

"这可是蜥蜴卫斯公爵订的货。"酷森冷冷地说，"如果明天早晨之前不完工，别怪我手下无情。"

看着酷森离开，克蒂斯的妈妈难过地抹着眼泪："酷森的要求太苛刻。本来，只是在这些布料上绣上花朵与叶子。没想到，它又想出新主意，说卫斯想要绣三个古老的符号。但符号只是传

说，谁也没有真正看到过。如果绣出来，它就拥有神奇的魔力，可以呼风唤雨，无所不能。"

布兰奇抓起布料，在上面看到由16个小圆点组成的正方形。

"正是在这上面绣上不同的正方形。"鼹鼠妈妈说，"可是我跟克蒂斯想了又想，好不容易有点头绪，酷森就来催促了。一着急，我们全都忘掉了。"

布兰奇抓起其中一块布料："我试试。"

蒂丝也抓起一块布料。

这时候，墨镜鼹鼠冲进来，也抓起一块布料。

三个伙伴思来想去，布兰奇说："酷森说过，每块布料的图案必须不同。那么，我就把每一个点连起来，这样可以形成许多小正方形。"

"那我就绣你没有绣过的正方形。"蒂丝说。

"好吧。"墨镜鼹鼠说，"我绣你们都想不出的正方形。"

布兰奇心灵手巧，很快就绣出了一个图案。

这个图案里有9个正方形，克蒂斯与鼹鼠妈妈沉重的心情终于轻松了一些。

蒂丝最喜欢画画，它绣出了一个与众不同的图案。

这时候，墨镜鼹鼠也绣出了一个图案。

它们瞧了又瞧，看了又看，发现居然没有一个图案是重复的，马上跑到酷森的缝衣店。酷森没想到难题这么快就解决了，它也正被卫斯骂得哆哆嗦嗦呢。卫斯看了看三只可爱的鼹鼠说："如果你们能数出来三幅图中一共多少个正方形，我就送你们多少块花布。"

布兰奇与蒂丝和墨镜鼹鼠数了数，共有25个正方形，它们把赢来的25块花布全都送给了克蒂斯与它的妈妈。它们的家变得漂亮了，鼹鼠妈妈的身体也恢复了健康。

水獭的金砖

"一定是水獭不想付工钱。"猞猁弗伦表示反对。

猞猁们正在开一个重要的会议，两天前，侦探虫虫带回一个消息，水獭们从一座古城遗址中挖出了许多金砖，它们请猞猁护送这批金砖。

水獭们表示，为了感谢猞猁的劳动，它们愿意在每辆运载金砖的车上取下9的整倍数量的金砖，剩下的则留给猞猁们，作为给它们辛苦护送的报酬。前提是，这8辆车组成的车队，每车金砖的数量都不能相等。

所有猞猁看向虫虫。

"水獭王古力说了，我们护送金砖的时候，整数除以9，只要所得的商和余数相同，那么余数就是我们的报酬。"虫虫说。

"听听它在说什么傻话。"弗伦怒目瞪向虫虫，"如果我们计算失误呢？"

"一块金砖也得不到。"虫虫不得不说实话。

一时间，空气好像凝结了。

瑞森朝虫虫投去鼓励的目光："我倒认为，不是不可能。"

虫虫在瑞森耳边轻声嘀咕起来，不一会儿，瑞森眼睛里流露出了希望的光芒。

"如果再不行动，恐怕这批买卖就被狡猾的蜥蜴家族夺走了。"瑞森朝门外冲去，"马上行动吧。"

弗伦抱怨着，众多的猞猁又好奇又怕上当。

所有的猞猁跟在瑞森身后出发了，打算搬上8大车金砖回来。

"第一车，马上装10块金砖。"瑞森下了命令。

猞猁们抬起巨大的金砖，第一车很快便装了10块。

"第二车，装20块金砖！"瑞森大喊。

第二车很快也装好了。

"第三车，装30块金砖。"瑞森毫不松懈。

第三车装好后，它又大叫："第四车，装40块金砖！"

"我看瑞森准是疯了，"弗伦气呼呼地叫道，"没准这次，我们一块金砖也捞不到。"

聪明的侦探虫虫对弗伦勾了勾手指，示意它过来："瑞森根本不是在发疯。你数数，第一车有几个9。"

"当然是1个。"弗伦说。

"也就是说，10里面有1个9，再加上一个余数1。"虫虫说。

弗伦惊得跳起来："真没想到！这么说，第一车金砖，我们真赚到了1块金砖？"

它两眼放光，撇撇嘴："瑞森还算聪明。"

"第二车20块金砖里有2个9，"虫虫说，"而余数是2。"

弗伦意识到了什么，它数了第三车："天哪，第三车30块金砖里有3个9，更有3块金砖的余数。"

"接下来，第4辆车中装了40块金砖，余下的4块金砖是我们的；第5辆车中装了50块金砖，余下的5块金砖是我们的；第6辆车中是60块金砖，余下的6块金砖是我们的……第7、8辆车分别余下7和8块金砖！我们一共能赚到1+2+3+4+5+6+7+8=36块金砖！"虫虫兴奋地大叫起来，"这全是总管瑞森的功劳！"

这时候，8辆大车已经装满金砖。瑞森决定把余下的金砖留给其他的装运队，它可不是贪得无厌的家伙。

等到了目的地，猞猁们早已志忑得上蹦下跳了。

事情果然像虫虫所说，猞猁装运队的8辆车，每一辆分别得到1，2，3，4，5，6，7，8块金砖。水獭王说话算话，它们载着金砖高高兴兴地返回到猞猁城。

百脚虫狄西卡有8个表弟，1个表妹，全都在遥远的大洋彼岸。上次，表妹露茜不远万里前来看望它，给它留下了美好的回忆。

自从表妹走后，百脚虫狄西卡总是心慌意乱，眼前浮现出表妹所讲述的遥远异乡与众不同的生活。

"我该去亚马孙热带雨林看望表妹。"百脚虫的行动比思考还要快，它除了留出一部分路费，把剩下所有的钱都买了蜗牛壳棒棒糖，一共28支。

可是，算来算去，它却怎么也无法算出，该怎么把这28支棒棒糖平分给表弟和表妹。

"如果连这点儿小事也干不好，表妹一定会伤心死的。"百脚虫狄西卡摇头又叹气，不停地在树叶小屋里爬来爬去。

"又想你的表妹了？"螨虫雷尔一跳三尺高，早就偷听到百脚虫的嘀咕。

百脚虫把分棒棒糖的事告诉了雷尔。

雷尔一边舔着口水，一边说："如果我帮你解决了难题，你出门这段时间，是否就允许我在你家小住？"

螨虫雷尔可是地下城里有名的邋遢鬼，无论走到哪，总是喜欢把身上的皮搔得像雪花一样飞舞。但为了早日见到表妹，百脚

虫想都没想就答应了。

"把糖拿出来。"雷尔说。

百脚虫把糖整齐地摆在桌子上。

雷尔在桌子上跳来跳去，翻翻拣拣，一下就分出了9堆棒棒糖："你瞧，这下不就解决难题了？"

百脚虫乐得欢蹦乱跳，连鞋带都踩开了，一个跟头摔在了余下的1根棒棒糖上。"可是，9堆棒棒糖，每堆3根，一共27根。还余下1根呢。"

雷尔早就打好了主意："这1根送给我，难题不就解决了？"

它一面说，一面趁百脚虫不注意，悄悄用舌头舔糖霜。不巧，桌下一个"幽灵"狠狠地钳住了它的脚，把它一个跟头扯到地上。

"小螨虫，你别贪嘴。"原来"幽灵"是蜈蚣普里。

它摇摇摆摆地爬到桌子上："狄西卡最喜欢它

的表妹，这多出的1根棒棒糖，正好送给它的表妹。"

"对啊。"

百脚虫一跳蹿上了房："8个表弟，都比表妹大，它们是不会在意自己最爱的妹妹多得1根棒棒糖的。"

雷尔没得到棒棒糖，正沮丧，忽然瞅到了碗橱里的糖罐。它又是推，又是挤，把狄西卡连同旅行箱一起送到了门外。

狄西卡一路忙不停，又坐船，又乘轿，终于钻进了神秘的雨林里。它敲响小木屋的门，一同挤出号叫着的8个表弟和1个表妹。

露茜舔着分给它的棒棒糖，突然兴奋得跳起来："瞧，表哥，雷尔还在糖上签了名。"

百脚虫朝糖上一看。嘿！可不是，棒棒糖上印着雷尔脏兮兮的小手印。

老猫的珍珠糖

走在烈日下，大盗飞天鼠突然抛下了快递箱。

"送快递又累又热，还不如干我的老本行。"飞天鼠的目光搭到了刚刚走近的一栋城堡里。

这是老猫荷塔的家。

最近，荷塔要走亲戚，想送给猫城里的每只猫一颗闪亮的珍珠。飞天鼠眼睁睁地看着荷塔把袋子里的珍珠倒在桌子上，一颗一颗地数。那些珍珠比荷塔的眼珠还要大。

飞天鼠想得直流口水，很想把所有的珍珠据为己有，要是把它们送给鼠小姐，它一定会对自己刮目相看的。

可是，它想起荷塔说过的话：要想得到这一袋珍珠，必须回答出袋子提出的两个问题。第一个问题是：这里有黑色和白色两种颜色的珍珠，一共一百颗。它们在袋子里的排列很有规律，问第一百颗珍珠是什么颜色的？

飞天鼠心想：这个太难了，还是先逃跑为妙。要不然被荷塔发现，自己就要变成烤老鼠了。

鼠小弟早就发现飞天鼠的不正常，飞天鼠只好把折磨自己的秘密告诉了鼠小弟洛洛。

鼠小弟通过飞天鼠的描述，画了一幅图："排列顺序是2颗白珍

珠，1颗黑珍珠，1颗白珍珠，1颗黑珍珠。每5颗珍珠是一个周期。"

"你真是太聪明了。"飞天鼠大叫道，立即垂下脑袋，"可是，问题还是没有解决。"

"5颗珍珠为一个周期，每个周期有3颗白珍珠和2颗黑珍珠。那么第100颗就是：100÷5=20，也就是说第100颗珍珠是第20个周期中的最后一颗，是黑色的珍珠。"

大盗飞天鼠正要冲出去，被鼠小弟拦住："你说过，袋子还提了第二个问题。"

"这100颗珍珠，要知道有多少颗白色，多少颗黑色。"飞天鼠又愁眉苦脸，"可是，我根本就没有看过啊。"

"这好办。"鼠小弟洛洛说，"100颗珍珠有20个周期，每个周期有3颗白色，所以100颗珍珠中有白色3×20=60颗。"

飞天鼠一下蹦到桌子上："这么说，每个周期有2颗黑珍珠，所以100颗珍珠中有黑色的2×20=40颗？"

3×20=60

飞天鼠与鼠小弟飞快地赶到了老猫荷塔的家，它们趁老猫在睡觉，悄悄潜入藏宝室，如它们所料，两个问题居然都答对了。

它们提着袋子满载而归，把里面的珍珠全取出来。飞天鼠马上给鼠小姐写信。可是，信刚写完，准备连同珍珠一起快递出去，却看到鼠小弟洛洛在吃珍珠。

它吓了一跳，连忙跑过去，却没想到，老猫送给猫城里的猫们的珍珠居然是一颗颗白糖球与黑糖球。它又气又叫，但很快地也跟着嚼起糖球。

青蛙丽莎最喜欢看时装杂志，每一期都不落下。

它抓起杂志："今天是2015年7月1日，也就是星期三。天鹅时装展就在7月31日举行。如果有谁能够回答对，7月31日是星期几，就可以获得免费的入场券。"

丽莎蹦蹦又跳跳，马上把这个好消息告诉了蔓达与吉莉。

三姐妹想了几天几夜。

"一定是星期二。"蔓达打电话到天鹅时装展。

"不对。"接电话的天鹅小姐摇着头。

"让我试试看。"青蛙吉莉接过电话，"恐怕是星期四。"

电话另一端的天鹅小姐说这个也不对。它警告青蛙三姐妹："这个电话号码，只有最后一次机会了。我可不能让你们总是猜来又猜去。"

青蛙三姐妹吓得马上挂断了电话。

"不是星期二，也不是星期四。"吉莉说，"应该就是剩下的4天。"

"我们可不能总是这样乱猜。"蔓达说，"去请金蟾表哥来帮忙。"

青蛙与金蟾是远亲。它们找到金蟾，说明来意，金蟾不耐烦地摆摆手，随即就消失了。

原来，自从有了蚰蜒爷爷的关门谢客符，它想什么时候消失就可以什么时候消失。

无奈，青蛙三姐妹只好去找蛤蟆老兄。

蛤蟆转转眼珠："一个星期有7天。"

"这我们也知道。"丽莎不满地说。

"7月31日，这说明7月有31天。"蛤蟆老兄说。

三姐妹点点头，不免更沮丧，它们认为蛤蟆老兄除了玩，什么也不知道。

"7月1日是星期三，再过7天，7月8日又到了星期三。"老兄说。

"快说，31日到底是星期几？"蔓达大喊。

它着急得直跳，有奖问答马上就要结束了。

"这全是大嘴蛙教我的。"蛤蟆老兄说，"它见识高，去请它帮忙。"

三姐妹赶到大嘴蛙家，说出了自己的遭遇。

"从7月1日到7月31日一共有31天，每个星期是7天。"大嘴蛙说，"31÷7=4余3。说明31天中有4个星期还要多出3天。"

吉莉高兴得直跳："我知道了。这么说，这3天是每个周期的第3天。周期中的第1天（即7月1日）是星期三，那么第3天就是星期五。"

"如果这样，7月31日是星期五啦？"蔓达叫道。

青蛙三姐妹马上赶回家，在有奖问题即将结束的时候打了电话。接到电话的天鹅小姐连连点头，这是第一个说对7月31日是星期几的电话，所以，它不仅让姐妹们免费参加服装展，还赠送给它们漂亮的衣服。

巧算石榴籽

穿山甲托博手里捧着个大石榴，在宫殿里焦急地走来走去。

"如果说不准，表妹海娜一定会失望透顶。"托博把眼睛搭到大石榴的缝隙上，却只能看到无数颗石榴籽中的几个。

"海娜是不是在跟你开玩笑？"杰伦克说，"谁能数得准一个石榴里究竟有多少颗石榴籽呢。"

"不，海娜说过，这个石榴与众不同，是狐狸阿默用魔法做的，能数清楚里面有多少颗石榴籽。"托博说，"只要说对里面

$$a\$b = a \times b + 156$$

的籽数，谁就可以拥有一件神秘礼物。"

媚媚与杰伦克盯着大石榴，都为托博着急。

"海娜很想得到那件礼物，"托博说，"阿默曾向它透露，石榴籽颗数可以用下面的公式计算出来。$a\$b = a \times b + 156$。请计算：$42\$5$。"

"简直太难了。"杰伦克摇摇头。

"我也是这么认为。"托博说，"我甚至以为，是狐狸在捉弄我那可爱的表妹。可是海娜是个急性子，话只说到一半，它就被哪个同伴叫走了。信也只写了一半。我们只能根据上面的公式，把石榴籽颗数准确地算出来。"

"狐狸早已与果子狸成为要好的朋友。"媚媚说，"再说，它本来已经送给海娜一个大石榴，肯定不会再捉弄它。"

虽然这么说，媚媚却想不出个好主意。

它灵机一动，把眼睛搭到石榴的缝隙上："按我说，里面的石榴籽至少有几百个。"

托博与杰伦克点点头，却不明白媚媚究竟想说什么。

"想要知道有多少颗石榴籽，我们首先要清楚"$"表示的是什么运算程序。"媚媚说，"根据题目中所给的运算"a$b=a×b+156"，可以知道"$"表示的是a和b的乘积，再加上156求和的运算。"

"你真是一只聪明的穿山甲。"托博兴奋地跳起来，"这么说，将a用42代入，将b用5代入，就可以计算出结果了？"

"42乘以5加上156，就是大石榴里隐藏的石榴籽数量。"媚媚说。

杰伦克算了又算："42乘以5等于210。"

"剩下的交给我。"穿山甲托博取出210个金币，又数出156个金币。

它忙碌了一整个上午，杰伦克与媚媚也帮着一起数，一共数出366个金币。

托博急忙让龙兄弟凯西为表妹海娜送了一封信，把石榴籽的粒数告诉了表妹。很快，它收到了表妹的回信。海娜神秘地说，它已经得到了那个神秘的礼物，还邀请托博到草原之乡做客。

十字井中的老龙王

刺猬布鲁正趴在温暖的井盖上做美梦，突然听到身下传来响动。

它抬起头，响声消失了。

"一定是个梦。"布鲁再次舒服地趴到井盖上。

"布鲁。"一个沙哑的声音呼唤布鲁。

布鲁一个激灵爬起来，惊恐地看到井盖的空隙里有一个发光的绿球在闪烁。

它把眼睛贴上去，一惊又缩回来。

绿球好像是一只大眼睛。

"别怕，我是老龙王，被困在十字井里许多年。"井盖里的绿眼睛说。

布鲁对着井盖仔细瞧，发现井盖确实是十字形的。它不禁吓得浑身发抖，它曾经听另一个古井里的老鲤鱼讲过一个故事，在十字井盖里禁锢着一条邪恶的老龙。谁把它放出来，谁将被它杀死。

布鲁刚要溜走，里面传出老龙王的哀求："我是被陷害的。当初是一条成精的老鲤鱼把我关在这里。仔细瞧瞧，你会发现，下下城里每天都丢东西，那全是老鲤鱼干的。"

　　布鲁停下脚步，它由于深更半夜总是出来找东西吃，几次目睹一片黄光出现在食物储藏柜又消失不见。有一次，它甚至看到一条大鲤鱼缓慢地在空中游走了。

　　"怎么能帮到你？"布鲁问。

　　"这十字形的井盖上贴着透明的封印，只要你揭开三个封印，就可以放我出去。"老龙说。

　　布鲁摸了又摸，并没有发现封印。

　　"你们根本看不到，但如果把2、4、6、8、10这五个数字，分别填入十字形的井盖中，同时使横行的三个数字的和与竖列中的三个数字的和相等，封印就会出现。"

　　刺猬布鲁写了又写，最终无奈地摇摇头："这太难了。"

"别着急，这么多年被关在井底，我每天都在琢磨这些数字。"老龙王沙哑地说。

井底冒出一团冷气，一张龙鳞被塞上来。

布鲁看到下面的一幅图。

"我在图中填A、B、C、D、E，表示我们要填入的数字。这样，就可以列出这样的公式：A+B+C=D+B+E。"老龙王说。

"可我还是不明白。"布鲁摇摇头。

"别灰心，仔细看，其中的B加了两次，所以解决本题的关键是要确定中间方格中的B这个数。"老龙王说。

"因为A+C=D+E，我们可不可以从最小、最大或者中间的数来考虑？然后再使得左右两边的数的和和上下两个数的和相

等？"布鲁说。

"你的主意棒极啦。"老龙王叫道。

布鲁马上投入到破解密码的工作当中。

"如果中间的数是2，则4＋10＝6＋8。如果中间的数是10，则4＋6＝2＋8。如果中间的数是6，则2＋10＝4＋8。"井底的老龙王大喊道。

通过老龙王的帮助，布鲁很快便解开了难题。

它依次破解出公式，并成功地救出了老龙王。

为了感谢布鲁的帮助，黑龙凯西与黄龙犹利特意送给布鲁许多河底的美味。它们完全忘记了布鲁爱偷吃东西的毛病，并与它成了要好的朋友。还特意驮着它在水上冲浪冒险呢！

神奇不老树

　　蚯蚓艾比这几天心事重重，因为它发现了一个惊天的秘密。

　　它在挖掘地下迷宫时，发现了一条神秘隧道。

　　"跟我来。"那一天，当它和蝲蝲蛄马克发现这个隧道时，洞穴的深处跳出一个发着暗黄色光的提灯精灵，提灯精灵一闪就飘进隧道深处。

　　艾比与蝲蝲蛄马克虽然害怕，还是小心翼翼地走了进去。在长满蕨类植物的隧道深处，发现了一棵枝叶如盖的大树。

　　吸引它们的并不是树上浓密的树叶，也不是像蛇一样蜿蜒转曲的树枝，而是树上结的许多精灵果。

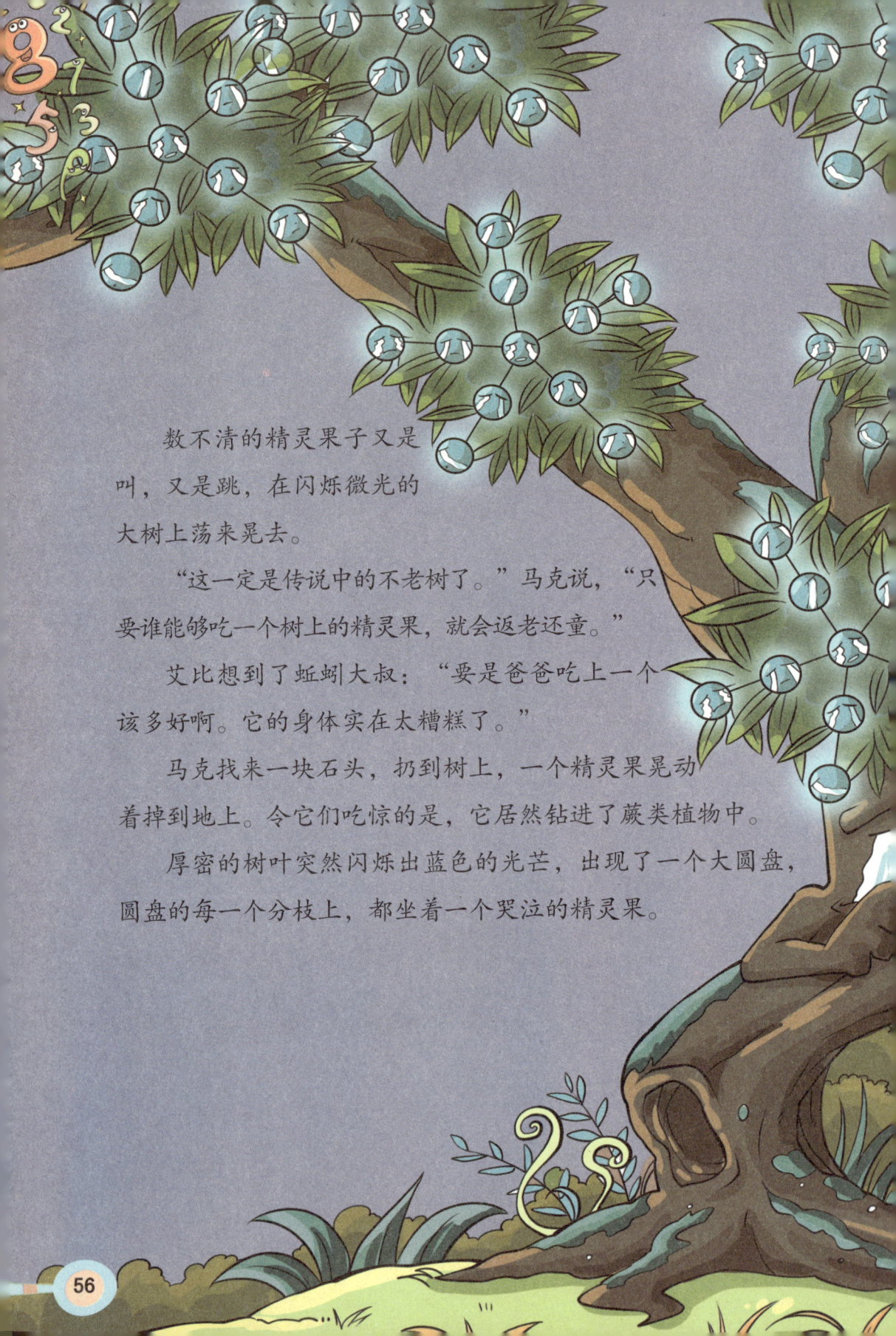

数不清的精灵果子又是
叫，又是跳，在闪烁微光的
大树上荡来晃去。

　　"这一定是传说中的不老树了。"马克说，"只
要谁能够吃一个树上的精灵果，就会返老还童。"

　　艾比想到了蚯蚓大叔："要是爸爸吃上一个
该多好啊。它的身体实在太糟糕了。"

　　马克找来一块石头，扔到树上，一个精灵果晃动
着掉到地上。令它们吃惊的是，它居然钻进了蕨类植物中。

　　厚密的树叶突然闪烁出蓝色的光芒，出现了一个大圆盘，
圆盘的每一个分枝上，都坐着一个哭泣的精灵果。

"瞧你们干的好事。"不老树浑身发抖，吼叫道，"打掉了我的娃娃。"

艾比与马克吓坏了，它们没想到不老树居然会说话。

"如果你们说不出树上究竟有多少个精灵果，我的娃娃将永远也回不到树上。"不老树大吼，在它哭泣的时候，树上的精灵果一个接一个滚落下来，钻进蕨类植物中，眨眼间不老树就枯萎了。

艾比与马克想了许多办法，都没有回答对究竟有多少个精灵果。

它们只好垂头丧气地离开了神秘隧道。

蚯蚓大叔的身体越来越坏，令艾比很是担心。它更难过不老树居然因为自己而枯萎了。它决定再次去冒险。

到达洞穴，提灯精灵又出现了。"勇敢点，仔细看，秘密就藏在这些哭泣的精灵果里。只要将10至20这十一个数分别献给圆盘中的每一个精灵果，使每一排组成的数的和相等，它们就会去找自己的小伙伴。就可以知道一共有多少个精灵果。到时候，不老树将复活。"

提灯精灵发出粉色的光，半空中突然出现十一只蝴蝶，每一只蝴蝶的翅膀上都有一个数。

艾比瞪大眼睛："是把蝴蝶抓住，给精灵果？"

提灯精灵点点头，就消失不见了。

身后传来马克的叫声："我刚从蚰蜒爷爷那里赶来。它说，不老树的秘密它知道。中间的精灵果对应的数是15，是一个重复使用的数，而且重复使用4次，所以每条边上的3个数的和应该等于〔（10+11+12+…20）+15×4〕÷5=45。"

"这么说，每3组数中，有一个是15，另2个的和就等于30了？"艾比跳起来。

"让我们来找找看。"马克与艾比马上开始研究应该抓住哪一只蝴蝶，给哪一个精灵果。

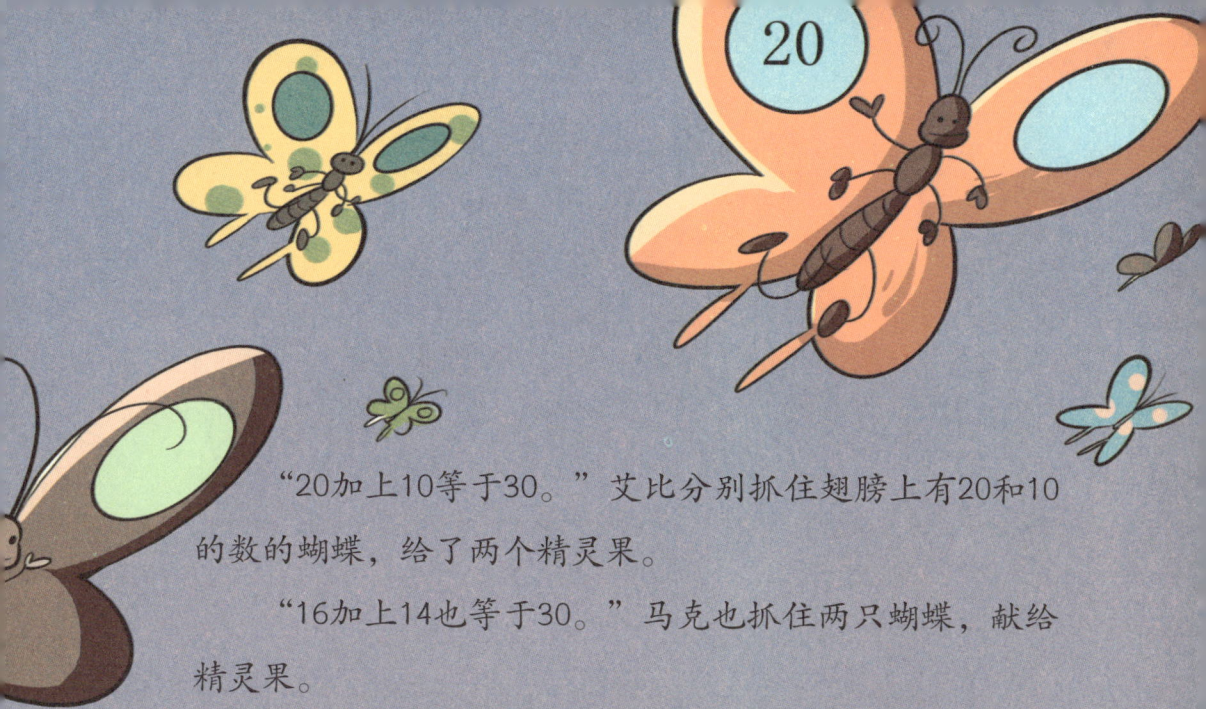

"20加上10等于30。"艾比分别抓住翅膀上有20和10的数的蝴蝶，给了两个精灵果。

"16加上14也等于30。"马克也抓住两只蝴蝶，献给精灵果。

令他们惊讶的是，得到蝴蝶的精灵果马上就不哭了。

"13加上17等于30。"艾比抓住翅膀上有这两个数的蝴蝶，送到精灵果怀中。

马克走到另外两个精灵果身边，把翅膀上有12和18的数的蝴蝶献给它们："12加上18也等于30。"

"最后一组我知道。"艾比说，"11加上19等于30。"

两个伙伴把所有的蝴蝶分别送给这些精灵果，它们蹦跳着钻

进蕨类植物中，去寻找自己的伙伴去了。很快，不老树神奇地复活了。在蕨类植物中钻出许多精灵果。它们跳到树上，又开始蹦蹦跳跳，又吵又闹。

不老树送给艾比和马克每人一只精灵果。原来，是充满智慧的不老树在考验它们。谁最勇敢又有智慧，才会得到精灵果。

艾比把精灵果送给爸爸，蚯蚓大叔吃掉精灵果后，马上恢复了青春。它身强力又壮，不用再担心会由于年老体衰而找不到食物了。

被烧毁的农场

　　草原之乡遭遇了一场可怕的火灾，果子狸赖以生存的草场被烧为了灰烬。

　　"如果不趁着夏天到来前把草莓种上，我们就没有足够的食物过冬了。"果子狸海娜望着灰色的草场一筹莫展。

　　果子狸碧娜可是个说行动就行动的女孩，它决定马上去买草籽和草莓种子。

　　"你必须弄清楚要在多大的草场上播种。"种子店的蝗虫老板说。

碧娜马上返回到草原，它把测量的任务交给了小糊涂。

"长7千米，宽5千米。"测量回来的小糊涂说，"但我们的城堡，占了很大一块面积。无法测量。"

碧娜展开小糊涂画的草场图：

"如果把城堡的面积也算在里面，那就要浪费许多种子。"碧娜自言自语地说。

"但如果去除城堡，我们根本无法算出城堡究竟占了多大的面积。"急性子的海娜说。

姐妹俩把图看了又看，却没有想到一个好办法。

小糊涂挺着圆滚滚的肚子，一想到美味的虫宴，嘴角就流出口水："如果你们能准备一桌丰盛的虫宴。这个难题就包在我身上。"

海娜与碧娜连忙点点头。

小糊涂飞快地跑到草场上，一阵忙碌后，它画了一张新的草场图。

"我看不出与刚才有什么不同。"海娜摇摇头，它急着去烫头发，又换衣服又擦鞋。

碧娜仔细地看了看："照我说，你把整座城堡也算在内，这样可无法计算草场的真正面积啊。"

小糊涂要姐姐先准备虫宴："只要给我准备虫宴，我马上公布答案。"

碧娜半信半疑地准备了一桌丰盛的虫宴。

小糊涂并没有像以往一样，边吃边透露这个秘密。等它吃完，才抹了一把嘴："我们先把城堡也算在内，就可以计算出草场究竟有多大了。"

碧娜气得直跳："你这是在骗人。"

小糊涂摆摆手："草场长7千米，宽5千米，一共就有35平方千米的面积了。"

碧娜转身就想走，它认为指不上贪吃的小糊涂，要靠自己想办法。

小糊涂飞快地蹿到姐姐身边，拿出了一张城堡的建筑图。

碧娜眨眨眼，不明白小糊涂想干什么。

"建筑图上有城堡的面积，用总面积减去城堡的面积，得出来的就是草场实际的面积了。"小糊涂说。

碧娜眼前一亮，它没想到难题就这样被弟弟解决了，飞快地拉着它赶到蝗虫老板的种子店。购买完种子，所有的果子狸开始

　　了盛大的播种行动，令碧娜没想到的是，它们购买的种子数量，正好播完整个草场，并没有缺少种子，也没有浪费种子。

　　为了感谢可爱的小糊涂，碧娜又准备了丰盛的虫宴。这一次，所有的果子狸一起分享了虫宴，它们欢呼雀跃，等待秋天的丰收时刻到来。

齐心协力建城墙

　　沼泽怪兽虽然被猫国里的猫们赶回到地下沼泽里，地下城却并没有因此得到多少安宁。

　　沼泽怪兽不时兴风作浪，让黑色的淤泥从古老城墙的缝隙中钻出来，骚扰地下城里的动物们。

　　"我们必须重新建一面更高更坚固的城墙。"猫王波奥对地下城所有的动物宣布，"这样，沼泽怪兽就无法让淤泥渗透进地下城了。"

　　"我准备石料。"猞猁王莫多叫道。

　　"我准备水泥。"穿山甲王托博喊道。

　　"所有的公猫都会成为出色的水泥匠，搬运工，让城墙更快地建好。"大公猫迪克跳上了荣耀石。

　　动物们正准备行动，猞猁总管瑞森叫住了大家："我们还没弄清楚，究竟需要多少块石料。更不知道每块石料的大小。这样盲目干下去，很耽误时间。"

　　"更浪费金币。"穿山甲杰伦克说，"我们得到石山的雪豹杰克手里去买。"

　　波奥请来了出色的水牛建筑队，它们测量过地下城古城墙的长和宽，又检查了墙壁上的缝隙："如果想要阻止可恶的沼泽怪兽继续作恶，必须选用长30米、宽15米的长方形石料。而且，得

一层一层排好，一共十二层。地基里也埋一层石块，与第十二层的尺寸相同。"

所有的动物都吃惊地张大了嘴，它们从未见过这样高的城墙。

"这是我从老鹞鹰的嘴里听到的。"水牛建筑队的总管说，"它一年四季不停地游历，曾目睹过一面世界上最高的城墙，底下压着最邪恶的怪兽。据说，只要按照这种方法把城墙建起来，任何怪兽都会被封压在下面。"

"每一层摆放多少石块？"猞猁虫虫问。

"第一层1块，第二层2块，每一层都多一块，直到第十二层，也就是最底层，一共有12块。第十三层与第十二层相同。"

猞猁们马上计算出一共有多少块石料，急忙朝石山赶去。

穿山甲们也计算出水泥的用量，全都去购买、搬运水泥。

留下的公猫们琢磨着，建起这样一片城墙，想必要挖很深的地基，并清理掉上面的石头泥沙。可是，第十三层与第十二层一样，一共需要12块石料，究竟要清理多少米的地基呢？

　　它们苦思冥想，急得上蹿下跳，想要去求助水牛建筑队，它们却早已赶到石山了。

　　"水牛总管说过，地基必须与第十二层一样深和长，这样才能让城墙牢固。"波奥说。

　　"你必须赶快想到办法。"大公猫迪克吼叫，"要不然，地下城的猫国可就输在猞猁与穿山甲的后面了。"

　　波奥不紧不慢地踱着步，用手在地上画了一个图：

　　"第一层的周长是（30+15）×2。"波奥说，"也就是90米。"

霸王猫马上画出了这个图。

"如果上面是第一层的周长，那么，第二层的周长应该是（2×30+2×15）×2。"霸王猫说，"就是180米。"

公猫们呼啦一下子聚集到一起，每只猫计算一层，很快，第十二层的周长就被计算出来了。

大公猫迪克从未想到自己居然也这样聪明："第十二层的周长是（12×30+12×15）×2=1080米。"

地下城的公猫们投入到挖地基的工作当中，很快，它们就按照计算出的周长，挖出了地基的深度，等到猞猁们回来，往地底填石料时，一米不多，一米不少，正巧放入了第十三层的所有石料。

地下城所有的动物团结一心，很快便建起了高大的城墙，把可恶的沼泽怪兽压在了最底层。

与鼠小姐的约会

听到鼠小弟洛洛的话，大盗飞天鼠一个激灵从吊床上跳下来。

"你说的是真的？"飞天鼠不敢相信地问。

"当然是。"鼠小弟说，"白鼠老板觉得白鼠茉莉非常寂寞，就发了一个邀请函，只要到达白鼠小姐门前，并成功打开那扇门。就可以与它一起喝下午茶，吃点心了。"

鼠小弟洛洛晃了晃手中的树叶邀请函。

飞天鼠一把夺过来，发现日期正是今天。

而且，事情正像鼠小弟所说，白鼠老板为了不再让女儿茉莉总是唉声叹气，特意想出了这么一个绝妙的主意。

大盗飞天鼠想都没想就背上行囊，伸展四肢，从树上城堡飞了下来。两只鼠兄弟马不停蹄地赶到赌场，看到白鼠小姐的房门前早已被众多的老鼠围得水泄不通了。

　　可是，令它们感到害怕的是，一个个走到门前，并把手指按到门上的老鼠，全都消失不见了。

　　飞天鼠真想马上离开这个恐怖之地，但一想到美丽的茉莉，它咬牙跺脚，坚持到了最后。

　　等到轮到飞天鼠走到门前，它早已抖得浑身发软了。

　　"只要你按对门上的球，我就自动打开。"门发出低沉的喘息，"但如果按错了，你将与众多的老鼠一样，被魔法抛到遥远的怪兽之乡。能不能逃出来，要看你们的智慧与勇气了。"

门上闪烁起蓝色、黄色、红色这三种不同颜色的光辉。在光芒里，三个球跳跃着，虎视眈眈地盯着飞天鼠。

"既然你来赴约，就要有足够的诚心和勇气。"门说，"其余的，我一概不能透露给你。"

飞天鼠急得满头大汗。

鼠小弟推开飞天鼠："先让我试试。"

为了飞天鼠能够与白鼠小姐约会，鼠小弟先用自己的生命赌一次。它先按了黄球和蓝球。

鼠小弟并没有失踪。

飞天鼠吓得大气也不敢喘。

鼠小弟攥紧拳头，又按了黄球和红球。接着，它又按下黄球。

一道白光闪过，鼠小弟消失不见了。

飞天鼠急得直跳，大喊着鼠小弟的名字。

"别急，"里面居然传出白鼠茉莉的说话声，原来它很喜欢飞天鼠与鼠小弟，想暗中帮助它们，"鼠小弟选对两次，还剩下一组球。只要你选对，门不仅会打开，鼠小弟也会重新出现。"

飞天鼠回想着，鼠小弟先是按了黄球和蓝球，又按下黄球与红球。

它盯着三个球："难道说，下一组是蓝球与红球？"

它碰触完鼠小弟洛洛曾经选对的球后，又去按蓝球与红球。紧锁的木门突然打开，从里面飞出众多的老鼠。

原来，只要这扇门打开，就可以拯救所有被投到怪兽之乡的老鼠。鼠小弟洛洛被荣幸地请到餐桌上，与飞天鼠和茉莉一起用餐。它滔滔不绝地讲起了自己在怪兽之乡的逃跑经历，把自己夸成了勇士，听得白鼠茉莉与飞天鼠心驰神往，真想自己也去冒险。

钥匙的秘密

由于好奇心太重，狐狸默默又遇到了麻烦。

这一次，它潜入了恐怖的猞猁城。要知道，自古狐狸与猞猁打架，还从未胜利过。

再说，自己鬼鬼祟祟地溜进来，又弄错了古老密室藏宝箱里的钥匙，要是被猞猁们发现，肯定凶多吉少。

默默追着自己的尾巴，焦急地在原地转个不停，尾巴上

挂着的五把钥匙发出叮叮当当的响声。

"你又来偷东西。"黑暗中传来一声大喝，吓得默默的魂儿都丢掉了。

它惊恐地朝前方看去，却看到了捧腹大笑的白眉黄鼠狼。

白眉黄鼠狼原本是生活在草原上的，它可是有名的大盗，无论去什么地方偷东西，都不空手而归，哪怕是一只臭鞋子也要拿走。

狐狸默默瘫坐到地上："谁都知道你臭名昭著，只要我一声大喊，你便会倒霉。"

默默十分生气，白眉黄鼠狼居然捉弄自己。

"别发火，我只是逗你玩。"黄鼠狼一摇一摆地走过来，"其实，我也很想知道那些藏宝箱里都藏了什么东西。"

默默还没来得及打开藏宝箱看呢。它刚取下5把钥匙，突然被地上的毯子绊倒，钥匙全都散落到地上。

如果不把钥匙准确归还，看守钥匙的老幽灵就会惊醒。它会大吼大叫着四处找钥匙，到时它们就逃脱不了了。

但如果带着钥匙逃跑，更加可怕，它们在离开猞猁城时，会经过一条小河，只要从上面迈过去，偷拿猞猁城的东西就会掉进河里，会招来大批的猞猁。

默默把这个秘密告诉了白眉黄鼠狼。

"哈哈，我根本不用怕。"白眉黄鼠狼说，"偷来的吃的全装进了我的肚子里。"

它看向默默的钥匙："让我看看，没准儿能想到好办法。"

"再晚就来不及了。"默默大叫，"老幽灵很快就会醒来。"

白眉黄鼠狼夺过钥匙，走到第一个藏宝箱前，它试了4把钥

匙，把能打开箱子的最后一把钥匙留在了箱子上。

它走到第二个藏宝箱前，试了3把钥匙，把能打开箱子的最后一把钥匙留在了箱子上。

它又走到第三个藏宝箱前，试了2把钥匙，并把能打开箱子的钥匙留在箱子上。

"你真是太聪明了。"默默叫道。

白眉黄鼠狼大摇大摆地走到第四个藏宝箱前，试了1把钥匙，并把能打开箱子的钥匙留在了箱子上。

最后一把，它拿在手上，自豪地冲默默摇头又摆尾。

两个家伙谁也没有耽误时间，分别飞快地打开藏宝箱，大饱眼福后，又迅速把箱子锁上。把所有的藏宝箱锁好后，它们赶在老幽灵没醒之前，把钥匙放回原位，高高兴兴地溜出了猞猁国。

穿山甲祈福

生活在下下城的穿山甲们每年都要回草原之乡去举行一个古老的祈福仪式。仪式规定，众多的穿山甲站成一排，在地上画出的巨大符号中穿梭，不能重复走过的路线，更不能少走一条路线。

祈福过后，穿山甲们就可以开始新一年的幸福生活了。

可是，会画祈福路线的穿山甲老寿星除了记得一幅简单的图，竟然忘记那些错综复杂的路该怎么走了。

	①	
祈福地起点	②	祈福地
	③	

　　"老爷爷已经老糊涂了。"媚媚说，"它连自己有多少岁都不记得了。"

　　"我们只能自己想办法。"穿山甲托博去找老寿星，要来了路线图：

　　"重复一条路，那么，新的一年所遇到的困难就会重复一次。"老寿星说，"少走了一条路，新的一年所遇到的好事就会少一件。"

　　托博耐心地询问老寿星，老寿星时而陷入睡梦中，时而惊醒，却说着不着边际的话，根本想不起来那些路该怎么走了。

　　它只好带着图，乘大船赶到了草原之乡。

4

祈福地终点

5

巨大的祈福符号在草原上画好后，众多的穿山甲开始排队。这可急坏了托博，它还不知道该如何走祈福的路线呢。

这时候，几只小果子狸吸引了它的注意。

它们在众多的路线上跑来跑去。

"为什么不试着走走？"托博马上跑到符号前，先跑了第一条路线，由祈福地起点→①→祈福地中央→④→祈福地终点。

杰伦克最会为托博排忧解难，它站在第二条路线上，祈福地起点→①→祈福地中央→⑤→祈福地终点。

媚媚走了第三条路线。祈福地起点→②→祈福地中央→④→祈福地终点。

祈福地中央

祈福地终点

穿山甲老寿星摇摇晃晃，慢腾腾地走了第四条路线。祈福地起点→②→祈福地中央→⑤→祈福地终点。

一只小果子狸在玩耍中，竟然成功寻找到第五条路线：祈福地起点→③→祈福地中央→④→祈福地终点。

贪吃的白眉黄鼠狼，为了避免狐狸的追击，在逃跑过程中，帮助穿山甲们寻出了第六条路线：祈福地起点→③→祈福地中央→⑤→祈福地终点。这样一来，所有的祈福路线都找到了。

穿山甲们穿上华丽的衣服，站好队伍，开始了盛大的祈福仪式。仪式非常顺利，预示着美好的新一年又开始了。

鼠老板的年终奖

　　鼠老板科恩是出了名的小气鬼。马上就要过年了，它承诺的年终奖金却迟迟不舍得掏出来。

　　它琢磨来，琢磨去，琢磨着不用花钱的鬼点子。

　　没有不透风的墙，这件事情被蜈蚣贝亚与蛐蛐邦妮发现了。它们通知了蝗虫鲍勃。三个伙伴非常气愤，因为鼠老板曾经满口答应，要把最多的年终奖金发给它们。

"得想一个办法，不能让它剥削我们。"贝亚叫道。

"科恩曾经是金蟾的快递员，负责往世界各地送它的神秘信件。"邦妮说，"我们去请金蟾帮忙，世界上只有它能够让科恩不那么小气。"

三个伙伴来到金蟾家。

隐身的金蟾现身了。

听到它们的遭遇，金蟾说："鼠老板科恩的数学最糟糕。它常常算不清自己该领多少工资。4、7、9是它最害怕的数字，就是

因为算错快递费，才让我们损失了很大一笔钱。所以，它只要见到上面的几个数字，无论求它什么事情都会答应。"

金蟾送给三个伙伴4、7、9三张金牌。

邦妮、贝亚和鲍勃回到了虫虫游乐园，并有意把三张金牌摆在了科恩面前。

科恩吓得浑身发抖，大叫把这些数字扔出去。

"请把我们的奖金给我们。"贝亚大声喊。

科恩抖得不那么厉害了，凶狠地瞪起眼睛："一定是金蟾搞的鬼。你们去告诉它，我现在比它有钱了。"

479 749 7

它冷冷地盯向鲍勃："想要我给年终奖金也可以。这三个数字，你们把它们组成没有重复的三位数，一组也不能少。如果有谁回答对。那么，三位数中最多的数，就算做你们每个人的年终奖金。"

贝亚与邦妮高兴得跳起来。鲍勃也兴奋得浑身发抖。

"479。"贝亚叫道。

科恩不点头，也不摇头，一副三个家伙一定输定了的势头。

"794。"鲍勃说。

科恩的眉毛动了动，心里有点儿不痛快。但它不得不承认，它们又说对一个。

"749。"邦妮试着说。

"还有947。"贝亚说。

鲍勃刚要张嘴，被鼠老板科恩打断了："这样猜来猜去谁都会。你们得说出这样选择的道理。"

贝亚退后了一步，邦妮也胆怯地摇摇头。

只有鲍勃昂起头："你要求三位数是没有重复的数字，我们可以从百位入手，百位的数字可以有三种取法；则十位数字有剩下的两个数字，有两种取法；个位上的数只能有一种取法。运用乘法原理，就可以求出有多少个数字不重复的三位数。"

科恩瞪起眼睛："够啦。闭嘴。"

它虎视眈眈地看向贝亚："来，你说。"

贝亚连连摇头。

"如果说不出来，谁也别想得到金币。"科恩阴森森地笑起来，"这么说，你们放弃了？"

邦妮与鲍勃朝贝亚投去鼓励的目光，请求它一定要帮助大家得到金币。

贝亚回想着鲍勃刚才说过的话："我想，按照鲍勃的说法，应该是3乘以2乘以1等于6个。"

邦妮与鲍勃欢呼起来，贝亚说得一丁点儿也没有错，因为这时候它们早已从科恩发青的面孔中得到答案。科恩不得不把金币从口袋里掏出来了。

令三个员工没有想到的是，金蟾所给它们的三个金牌此时产生了魔力，科恩脸上的恐怖表情消失了，慷慨地大叫要把所有该发的年终奖金都发完。果真，虫虫游乐园的所有员工们都拿到了年终奖，足足庆祝了几天几夜。

精灵的魔法屋

　　"苏珊。"清晨醒来，大青虫的肚子咕咕叫，它跑到厨房里，却惊讶地发现妹妹并没有像以往一样准备早餐。

　　找遍整个屋子后，大青虫慌乱地跑到屋外，正看到人面蛾急匆匆地飞来。

　　"大事不妙。"人面蛾飞到大青虫面前，"飞蛾黛拉一早找到我，说它的城堡后面出现了一个巨大的透明的妖怪。"

　　"妖怪？"大青虫吓了一跳，马上就变得心不在焉。"我没时间去看妖怪，苏珊不见了。"

　　"可是，那个妖怪发出的声音听起来很像苏珊。"人面蛾说。

　　大青虫马上跟人面蛾赶到黛拉的城堡后面，果真看到一个半透明的白色物体，里面传出吼叫与咒骂声。

　　"天哪，这居然真是苏珊的声音。"大青虫吓坏了，连忙爬到妖怪身上，想把被它吞进去的苏珊救出来。

　　但这个妖怪浑身光滑极了，它立即滑了下来。

人面蛾几次飞到妖怪身上，也由于脚下打滑，跌到了地上。

　　飞蛾黛拉扑扇着翅膀从树林深处飞回来："我打听到了，这并不是普通的妖怪，而是一个精灵居住的魔法屋。苏珊误闯进去，把里面的精灵都吓跑了，它找不到出口，就一直被困在里面。"

　　大青虫不敢相信地瞪大眼睛："魔法屋？"

　　"里面住着十个小精灵，魔法屋有许多门，每个门上都标有一个数字，只有选对正确数字的门进去，

才能救出苏珊。"黛拉说。

"到哪里能找到那些小精灵？"大青虫着急地叫。

"除非苏珊被救出来。"黛拉说，"否则胆小的小精灵是不会出现的。"

大青虫急得团团转，人面蛾也莽撞地飞来飞去。

黛拉要两个伙伴冷静下来："我听老树神说，只要数清楚魔法屋是由几个正方体组成，就从几号门进去，这样就可以把苏珊救出来。"

大青虫攀到人面蛾的背上，人面蛾飞到魔法屋上空，往下看："从这个方向看，有4个正方形。"

它又飞到魔法屋的侧面。"从这个方向看，有3个正方形。"大青虫高呼。

最后，人面蛾与大青虫来到魔法屋的正面，看到有4个正方形。

"哎呀，怎么能数得清啊！"人面蛾说。

大青虫急于救出妹妹，马上扑了上去。

可是，它试了好几次，没有一扇门可以打开。

大青虫没有气馁，又一次扑上去，被飞蛾黛拉拦住："你这样乱闯，是无法找到正确的那扇门的。"

它飞到魔法屋的侧面："从侧面观察到的形状向我们透露，说明立体图形有两层，从侧面看左列应有2个小正方体，右列应只有一个小立方体；再综合从侧面看到的形状和从上面看到的形状，可以看出这是由6个小正方体组成的立体图形。"

人面蛾与大青虫狐疑地望着黛拉。大青虫第一个扑到6号门上，它轻而易举就打开门，放出了急得满头大汗的小青虫苏珊。

　　这时候，魔法屋突然飘向远方。

　　原来，在不远处的树上，正躲躲闪闪地站着十个小精灵。它们一股脑地冲进魔法屋，在喜欢冒险的大青虫没有钻进屋之前，魔法屋很快就消失不见了。

　　大青虫很好奇魔法屋里都有什么，它不到森林里流浪，也不四处耀武扬威地欺负其他虫子，而是整日守在青虫之屋听苏珊讲述魔法屋里的奇妙见闻。

猎人的陷阱

青蛙丽莎从睡梦中惊醒，突然不见了34只小青蛙。它找遍荷叶宫殿，游遍附近的水域，却还是没见到孩子们。

外出归来的蔓达与吉莉推开门，正看到丽莎坐在荷叶上不停地哭泣。

蔓达与吉莉更加害怕了，哆哆嗦嗦地跳到荷叶上，问丽莎是不是也看到了蒙面大盗独眼水蛇。

"呜……我们的孩子全不见了。"丽莎自责万分，"我实在太困，睡了一觉，醒来就找不到它们了。"

蔓达与吉莉此时才发现荷叶宫殿里是如此安静，它们像热锅上的蚂蚁一样奔忙不停，却没有找到1只小青蛙。

"会不会是被独眼水蛇绑架了？"蔓达跳起来就朝门口冲，"我记得刚才路过它盘卧的草丛，它曾经威胁我们，如果再想不出个好主意，我们就永远也见不到34只小青蛙。"

青蛙三姐妹飞快地赶到了独眼水蛇的地盘。

独眼水蛇盘成一团，脑袋高高地竖起，不停地吐着蛇芯："再晚一步，就再也见不到你们的小青蛙了。"

青蛙三姐妹很害怕，但为了小青蛙，它们挺起胸脯，大吼要独眼水蛇把小青蛙还给它们。

独眼水蛇的身体往旁边一移，现出一个青灰色的四方形洞口，上面盖着画满古怪符号的盖子。

盖子中间画满了横纹和竖纹，里面掺杂着古怪的符号，看起来怪诞可怕。

"夺走小宝宝的不是我，而是它。"独眼水蛇哀叫一声，"我唯一的女儿也在六天前掉了进去。这是猎人设置的陷阱，只要晃动这个盖子，让我们能看到洞底的情况。就可以救出小宝宝。"

三姐妹半信半疑。

"不信你们看。"独眼水蛇钻进草丛里，拖出一支大猎枪，"我向猎人要我的孩子，他看到我，很害怕，吓跑了。猎枪被丢在了这里。他发现我之前，曾经打开过这个盖子，我看得清清楚楚。"

丽莎与蔓达走到井边，见独眼水蛇并没有攻击它们，胆子最小的吉莉也走了过去。

它们趴在洞口往里瞧："什么也看不到。"

"是啊。"独眼水蛇说，"只要旋转盖子使其与底下的孔隙对上，我们不仅可以看到里面的情况，盖子上的机关也会自动开启。"

丽莎第一个转了转，井盖不停地旋转着，却始终没有看到小青蛙。

吉莉也试试身手，结果也是什么都没看到。

蔓达皱着眉头，站着没动弹："我看，总这么转来转去可不行。这里一定有诀窍。"

吉莉与丽莎也学着蔓达认真地瞧。

"嘿！我发现中间的图案好像一个大正方形。"吉莉叫道。

"可是，正方形里面的符号，好像是一个个小正方形。"丽莎恍然大悟，"刚才我们只顾转盖子，根本就没有发现，其实盖子表面的符号与底下的符号是一样的。只要把它们对上，就可以打开。"

蔓达转了转盖子，还是没成功。

"我们在旋转的时候，总是对不上下面的图案。"青蛙吉莉说，"这是有原因的。瞧，只要弄清楚陷阱盖子中间的大正方形里有多少个小正方形，我们就能够打开盖子。"

吉莉旋转着盖子，边说："整个盖子上一共有16个方格，画满符号的中间部分，里面可以一眼认出的是4个正方形。"

令吉莉没想到的是，独眼水蛇一把推开了它，飞转地转动盖子。

独眼水蛇说："除了中间我们认出的，阴影部分的四个边

角，每一个角都有一个正方形。4个加上4个，就是8个了。不过，我用了更加简便的方法。盖子上一共有16个正方形，而阴影外面是8个，16减去8正好是阴影里的正方形数量了。"

随着陷阱的盖子被打开，露出了三十五颗可爱的小脑袋。

小青蛙蹦蹦跳跳，一个跟着一个跳出陷阱。独眼水蛇把尾巴下到陷阱里，把心爱的女儿给救了出来。青蛙和独眼水蛇害怕猎人会带着猎犬返回来，马上带着孩子们逃走了。

不过，在逃走前，它们把陷阱里填满石头和泥土，上面覆盖上青草，这样猎人就找不到这个陷阱，也不会再有其他动物受到伤害了。

地下河道里的藏金罐

地下城里的猫们，谁也没想到身强力壮的大公猫迪克会生病。

迪克病恹恹的，趴在床上一动不动已经好几天了。

"该带它去看医生。"母猫妮娜说。

"可是，迪克花钱一向大手大脚，它连一个金币都没有了。"霸王猫说，"这是我亲眼所见。"

"我们该想办法送它一些金币。"母猫妮娜说。

"它可是最要面子的猫，一定不会接受。"伯爵说。

几只猫商量了半天，想出一条妙计，假装它们在地下城的地下河道里发现了一只藏金币的罐子，里面塞满了金币。

"这样，得到金币的我们，每只就应该送它一些金币。"妮娜说，"而它也会欣然接受。"

"依我看，以迪克的个性，还得再逼问我们究竟埋了多少呢。"霸王猫最了解迪克的个性，带着嘲弄，开起玩笑。

几只猫连忙回到自己的卧室翻找金币。

母猫妮娜找到95个金币。公猫伯爵找到86个金币。母猫伊薇找到93个金币。母猫美娜找到94个金币。霸王猫找到85个金币。猫王波奥拿出92个金币。母猫蕾特找到90个金币。其他几只猫分别拿出95，92，88个金币。

母猫妮娜看着堆成小山高的金币犯了愁："每只猫拿出的金币不一样多，迪克会怀疑的。就算不怀疑，它也会对拿得少的猫有看法。"

"是。"母猫伊薇说，"它总是吹毛求疵，连躺在床上也不例外。"

"把总数算出来，再平均分成十份不就可以了。"霸王道说。

"可是，那样太慢了。"母猫妮娜说，"会把迪克的病情给耽误掉。"

妮娜可是一只非常聪明的母猫，它围着金币转了一圈，有了主意。

妮娜说："刚才我把每只猫拿的金币数量记了下来，分别是

95、86、93、94、85、92、90、95、92、88。我看，这些金币都接近90。我们可以把90作为基准数来求得平均数。"

霸王猫与伊薇和蕾特一脸不解地盯着妮娜。

伯爵也听糊涂了。

"我们先选一个90，之后把每一个数中多出90的数相加，少于90的数相减。再除以10，之后与90相加。所得的数，正好是金币的平均数。"

"95多出5，86少4，就是5减4。"伯爵说，"等于1。"

"93与94分别多出3与4。"霸王猫说，"就是加3加4再加上面的1，等于8。"

"85少5，92多2。"波奥说，"8减5加2等于5。"

"90多0，95多5，92多2。"妮娜说，"0加5加2等于7。再加上上面的5，等于12。"

"88少2。"霸王猫说，"12减2等于10。"

"10除以10，是1，90加上1等于91，正好是我们每只猫送给迪克金币的平均数。"美娜说。

霸王猫朝妮娜投去钦佩的一瞥。它们马上赶到了迪克的卧室。

通过大家的努力，迪克很快便被送进了医院里。

可是，所有猫并没有想到，迪克其实早就发现大家在好意欺骗它。因为猫根本就不会游泳，怎么会去地下河道里挖金币呢！

迪克感动得偷偷掉眼泪，决定以后再也不耍性子，发脾气，欺负地下城里的猫们了。

与臭鼬先生
分蘑菇

"普里。"螨虫雷尔早晨刚起，就看到蜈蚣普里在地下城古城墙的缝隙中游荡。它大叫着，扑向普里。

普里无精打采地抬起头，又继续独自赶路。

"你要到什么地方去？"雷尔好奇地问。

普里可是个开朗乐观的家伙，雷尔从未见普里这样失魂落魄过。

"去找蚰蜒爷爷。"普里说，"我遇到了麻烦。"

两个伙伴赶到蚰蜒爷爷家，普里边流着伤心的眼泪，边说："我与臭鼬姬恩太太和格潘先生一同去采蘑菇。由于我的袋子在半路上弄丢了，就把蘑菇塞进了它们的袋子里。"

"你是说，它们赖着不给？"雷尔很了解臭鼬夫妻俩，它们总是喜欢占别人的便宜。

普里摇头，又点头："全都怪我。刚开始，我是记着我一共采了多少个蘑菇的，可是由于蘑菇越来越多，臭鼬先生与太太也采得很开心，我就把它们的采摘数量也加在了一起。当我采完最后一个蘑菇，臭鼬姬恩太太还说，它们采的蘑菇比我的多26个。可是走到家门口，它们却不承认了。"

"你们一共采了多少个？"充满智慧的蚰蜒爷爷边问，边抽着冒出蓝烟的水烟。

"258个。"普里说。

蚰蜒爷爷微微一笑："我认为是你太着急，才想不出解决问题的办法。仔细想想，它们采的数量比你的多26个，就要在平均分成两份后，在它们的一方，多加26个。"

蚰蜒爷爷刚说完，就离开了。

它们又叫又喊，找遍了整栋古老的住所，就是没找到蚰蜒爷爷。

"它是想让我们自己解决。"雷尔说，"蚰蜒爷爷一向这样。"

普里与雷尔离开蚰蜒爷爷家，整整算了一路，越算越乱，最

后普里哭了起来："爷爷算的根本就不对，比一半多26个，总数与26加在一起，就是284个了。可我们一共只采到258个。"

雷尔急得又蹦又跳，却无法为普里排忧解难。

这时候，两个家伙看到百脚虫哼着小曲，扛着行李从远处走来。

它们一起扑上去，大叫百脚虫终于从大洋彼岸返回来了。要知道，它去表妹家的热带雨林做客，去了快整整一年了。

"要知道，热带雨林太好玩，不知不觉，我就待了那么长时间。"百脚虫早就发现了普里古怪的表情。

它听过普里的话，拍了一下手："热带雨林里有一条巨大的森蚺，比我见到的任何蛇都大。它可以吞下我们的一整栋房子。它的头脑充满智慧，教会我很多东西。"

百脚虫眨眨眼："284个，就相当于臭鼬夫妻俩

284

采到蘑菇数量的两倍了。所以，把它们平均分成两份，其中的一份，就是它们真正采到的蘑菇数。也就是142个。"

"这个算出来了，那我的蘑菇数量呢？"普里急得直叹气，"我早跟我的弟弟打好赌，说我一定会采到很多蘑菇。如果我拿不出那么多，它一定会笑话我。"

"好算，好算。"百脚虫拉着两个伙伴朝自己家走，"我还为你们带来了礼物呢。"

雷尔生怕晚得到礼物，一蹦三尺高，跳在了最前面："别再磨蹭，算个不停。它们的蘑菇比你的多26个。把它们的数量减去26，正好是你的数量。"

　　"你是说，我采了116个蘑菇？"普里兴奋得跳起来。

　　普里、百脚虫和雷尔连忙赶到臭鼬先生与太太家。看到普里居然算准了蘑菇的数量，臭鼬夫妇无法抵赖，只好把蘑菇还给了普里。

　　普里、普里的弟弟和雷尔被拉到百脚虫家，百脚虫拿出了许多来自热带雨林的礼物，它们特意做了蘑菇宴，来庆祝伙伴重聚的美好时刻。

面包店外的珊瑚树

自从老海盗王海外归来，海盗们得到许多金币和一张可以自动出现美味佳肴的餐桌，几乎不出来四处掠夺了。

但它们生性难改，时不时地会在经过鼹鼠奶奶的面包店时，吓一吓它。

鼹鼠奶奶整日忧心忡忡，连睡觉时也总是提心吊胆，生怕海盗们突然闯进来。

这天，鼹鼠奶奶坐在柜台后面抹眼泪，被鼹鼠克蒂斯与墨镜鼹鼠看到了。

"鼹鼠奶奶别心急，我们来帮你想办法。"克蒂斯与墨镜鼹鼠叫道。

"海盗豚鼠最会爬树，什么树篱也难不倒它们。"鼹鼠奶奶听克蒂斯说要种树，连忙摇摇头。

"那就垒砌成石头墙。"墨镜鼹鼠说，"这样一来，面包店被关在里面，就不会有人发现这里了。"

"那样更不行。"鼹鼠奶奶说,"我的面包店就要倒闭了。"

克蒂斯与墨镜鼹鼠在面包店里走来走去。当墨镜鼹鼠透过墨镜,看到阳光的反光,瞪大了眼睛:"不如在面包店的四周种上珊瑚树。不仅可以看到里面的面包店,珊瑚上生满尖刺,海盗们是不敢往上爬的。"

说行动就行动,两只鼹鼠马上帮助鼹鼠奶奶去购买珊瑚树。

但刚走到门口,它们就停下脚步:"我们还不知道要买多少棵树。"

"得先量量面包店有多大。"墨镜鼹鼠拿来尺子,量出面包店长95米,宽25米。

它们赶到种子店,把测量的米数告诉了种子店老板,并要求购买最大的珊瑚树。

"最大的珊瑚树，要每隔6米种一棵。"种子店老板说完就去帮助其他的顾客挑选种子了，"我的人手实在不够，你们自己计算吧。"

两只鼹鼠头昏脑涨，它们根本没有栽过树，所以根本不知道要购买多少棵树苗。

"我认为，得先求出鼹鼠奶奶的面包店的周长。"克蒂斯说，"有两个95米长，两个25米宽。加在一起是240米。"

墨镜鼹鼠朝克蒂斯投来钦佩的一瞥。可是，在这么长的距离内，究竟要种多少棵树，却一时间难住了它们。

它们来到种子店老板面前，说要购买240米距离的珊瑚树苗。

"我很忙，没空给你们算。"种子店老板又跑到了另一位新

240米

来的客人面前。

　　"每6米种一棵，一共240米。"墨镜鼹鼠想到了好办法，"我们只要弄清楚240里究竟有多少个6，难题就解决了。"

　　"你真棒。"克蒂斯在地上飞快地走来走去，跑到种子店老板面前，"（95+25）×2÷6=120×2÷6=240÷6=40，所以我们要买40棵珊瑚苗。"

　　取好树苗后，它们飞快地赶回面包店，并且把40棵树苗不多也不少地种满了面包店四周。两天后，海盗们又来面包店，想吓一吓鼹鼠奶奶，却没想到美丽的珊瑚树上全是尖刺，只好悻悻地离开了。

　　为了感谢小鼹鼠们，鼹鼠奶奶不仅送给它们棒棒糖，还要它们每天都到面包店来做客。

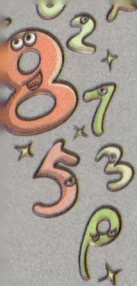

大方的鼠老板

鼠老板科恩又在琢磨鬼点子。它想再购进一批吓人的道具，让虫虫游乐园的游客变得更多。

"我要买210件无头骑士衫，"科恩自言自语，"再买210只绿湿虫。绿湿虫的身体会发光，这样，它们在虫虫游乐园幽暗的洞底钻来钻去，会吸引来更多的游客。"

科恩给道具店的老板打了电话。

"无头骑士衫比绿湿虫贵2个金币。"道具店老板螨虫嗯哈说，

210

突然，电话里传出杂音，在断线前又传出这样一句话，"买无头骑士衫的金币数量是绿湿虫的5倍。"

原来，地下城里的地下河道洪水泛滥，使所有的交通工具与通信都中断了。

无法联系上道具店老板嗯哈，就不知道自己该准备多少个金币，科恩急得两只眼睛都鼓了出来。

它不停地在地上走来走去，一直走了三天三夜，最后昏倒在办公桌上。

"醒醒。"科恩的耳朵里传来蛐蛐邦妮细弱的说话声。

科恩睁开眼睛，才发现自己居然昏迷了三天。耽误三天，游乐园的道具晚运来三天，就耽误了三天的门票收入。

科恩气得破口大骂，没想到邦妮的一句话让它露出了笑脸。

邦妮说它有办法。

"赶快说！"科恩吼道。

原来，邦妮说它早听到科恩迷迷糊糊中的梦话，认为，买无头骑士衫既然比绿湿虫贵2个金币，那么，各买210个，无头骑士衫的总价钱比买绿湿虫的总价钱贵2的210倍，也就是420个金币了。

科恩的眼珠转了转，笑得口水也流出来："你说得太对啦。可是，我究竟要带多少金币呢？"

"如果把绿湿虫的总价钱看作1份，那么无头骑士衫的价格就是5份。"邦妮说，"无头骑士衫比绿湿虫多的420个金币对应的正好是5-1=4份。所以，绿湿虫的总价为：2×210÷（5-1）=105。"

科恩高兴得跳起来："这么说，无头骑士衫的总价为：105×5=525个金币了？"

没等邦妮回答，鼠老板科恩就钻进了它的秘密办公室。

它在里面数了购买绿湿虫所需要的105个金币，又数出买无头骑士衫所需要的525个金币。

它背着重重的金币上路了，路过邦妮身边时，一个指头弹出一个金币，直落到邦妮的手心里。

邦妮大气也不敢喘，更不敢相信自己的眼睛。因为鼠老板科恩可从未这么大方过。临走到门口，它还气哼哼地说，真是后悔居然傻到要丢给邦妮一个金币。

迪克的鬼主意

听说可爱的狸猫温迪丝要来地下城做客，猫国里的所有公猫们都欢呼起来。

"温迪丝的舞跳得棒极了。我们要组织一场盛大的舞会。"大公猫迪克说，"与狸猫温迪丝一起跳上几天几夜。"

"别傻了。"霸王猫叫道，"温迪丝孤傲又严厉，它是不会容忍一次同几只猫一起跳舞的。它只会选择一个。"

迪克一步蹿到了城墙顶上，它知道霸王猫说得没错，不管舞会进行多久，温迪丝是只会与一只猫跳舞的。

一想到美丽的温迪丝要同别的猫跳舞，大公猫迪克气得对着墙壁乱抠。

它几步蹿到荣耀石上，冥思苦想了几天，终于想到一个好主意。

"温迪丝来的时候，会领来许多可爱的小狸猫。"迪克对大公猫们说，"我们每只猫都会有自己的舞伴。到时候，猫国里的母猫，也会同公狸猫们跳舞。"

伯爵点点头，霸王猫早就兴奋得四处跑跳。

"为了公平竞争。"大公猫迪克说，"我们以每一块石墙上的墙砖代替每一只公猫，温迪丝最喜欢散步。当它来猫城的时候，在代表哪一只猫的墙砖前停下脚步，那只猫就可以同它一起跳舞。"

大公猫们全都跑到石墙下，选择了属于自己的那一块墙砖。它们认为这件事情很公平，而实际上，迪克在城墙上做了手脚。

当狸猫到达猫城，温迪丝为了保持苗条的身材，在晚餐后到城墙下散步。

公猫们紧张又害怕，怕自己没被温迪丝选中。

但它们并不敢出去看，只是计算着温迪丝散步的时间。

当温迪丝散步回到卧室，它们呼啦全跑到城墙下。

"我为它计算了时间，从第1块墙砖，走到第17块墙砖，它共用了8分钟。"猫王波奥说，"之后，它又向前走了几块墙砖，但由于距离远，我没有看清楚。我只记得，它返回来，走到第5块墙砖的时候，总共用了30分钟。只要把这些时间弄清楚，我们就可以知道它是走到第几块墙砖时开始往回返的。"

霸王猫挠挠耳朵："简直像天书一样难解。"

迪克也没看到温迪丝到没到属于自己的那块墙砖，急得上蹿下跳，胡乱地编出几串数字。

波奥摇摇头："再这样乱下去，恐怕我们都被搅糊涂了。"

所有的公猫安静下来，都在心里计算着。

伯爵第一个研究出一些端倪："从第1块墙砖，到第17块墙砖总共走了16块砖，温迪丝一共走了8分钟，这样，每分钟就走了2块砖。"

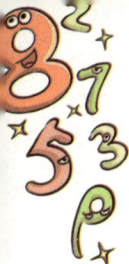

霸王猫恍然大悟，撒开腿开始狂奔。一直往前跑了60块砖。"每分钟走2块砖，30分钟正好是60块砖。"

迪克大叫一声，要大家安静。

它再次跳到荣耀石上，走来走去，越走越兴奋。

它跳下城墙，跑到第5块墙砖前，又走回第1块墙砖："这之间一共有4块砖。"

迪克一路小跑着往前冲，又大摇大摆地走回来，大声宣布："一点儿也没错，今晚可以请温迪丝跳舞的公猫正是我。"

所有的猫面面相觑，要迪克解释清楚。

"跟我来你们就知道了。"迪克顺着温迪丝散步的路线朝前跑，跑到第33块代表它自己的那块墙砖前，停住脚步。

迪克说："假如将刚才的4块砖算在内，温迪丝从第1块墙砖出发，再返回到第1块墙砖，一共应该走了64块砖。也就是说，它往返各走了64除以2，也就是32块砖。因此，温迪丝正是走到第32加1，也就是第33块墙砖时往回走的。"

迪克指向墙砖："看，上面写着我的大名。"

大公猫们算了算时间，迪克说得果然没错。它们只好自认倒霉，谁都没想到，是温迪丝在听到墙砖里传出幽灵的叫声，才吓得跑回去的。

迪克如愿以偿与温迪丝高高兴兴地度过了一场舞会。

夜晚睡觉的时候，它的心里难免有些愧疚，就偷偷把许多美味的猫粮，放到了伙伴们的门外。

聪明的龙公主

　　由于地下河道河水泛滥，黑龙凯西与黄龙犹利的巡河行动很是缓慢。它们决定清理河道。

　　生性乐观的兄弟俩边清理河道边玩耍，不知不觉竟然把很长的一段河道清理干净了。

　　鲶鱼妙拉与青蛙妈妈们说什么也要感谢龙兄弟。

蛤蟆老兄与蜥蜴人也要赠送给龙兄弟礼物。

　　海盗豚鼠们就更不用说了，自从来了讲义气的老海盗王，它们就变得慷慨多了，与金蟾一样，决定送给龙兄弟几件宝贝。

　　看到这么多朋友要送礼物，它们盛情难却，尤其是听说青蛙妈妈要送给自己美味的年糕，凯西与犹利的口水都流出来了。

　　"可我们总不能白白接受这些礼物。"黄龙边吸着口水，边说，"要把我们清理出的淤泥数量公布出来，也对得起大家的一片情谊。"

　　"你真该想想自己在说什么。"凯西叫道，"我们只顾吃喝与玩乐，把清理河道当作游戏，哪里记得究竟清出多少淤泥。"

　　犹利浮在水面上冥思苦想，终于回忆起一些片断："清理河道，我们一共工作了4天。"

"是的。"凯西点点头，"可是，每天清理了多少？"

"第一天我们清理了河道里的一半淤泥，第二天清理了剩下的一半。"犹利说，"第三天清理了第二天剩下的一半。第四天，也就是最后一天，我记得清清楚楚。我们一共清理出56船淤泥。"

"你真是我的好兄弟。"本来对回忆起清理了多少淤泥不抱有任何希望的凯西跳起来，用尾巴拍拍犹利的肩膀，"这下，我们就可以公布答案了。"

犹利摇摇头："我只回忆出我们哪天干了多少，却没有准确的数字。无法算出共清理了多少船的淤泥。"

凯西的高兴劲儿过去了，变得垂头丧气："如果让龙公主知道，一定会笑话我们笨头笨脑。"

令两个龙兄弟没想到的是，龙公主突然钻出水面，对哥哥们调皮地眨眨眼："你们的谈话我都听到了。想要解开这个难题，并不难，但你们得答应，把青蛙妈妈丽莎送的裙子给我。"

龙兄弟可不穿裙子，马上点点头。

"我们该从最后那天算起。"龙公主优雅地游在哥哥们中间，"第四天清理出56船淤泥，正好全部完工，第四天的56船和第三天的一样多，则第三天也清理了56船淤泥。"

"真没想到。"凯西高兴得蹿出水面，"龙公主真是聪明无比。"

"这么说，第三天清理出的淤泥数量是第二天的一半，第二天就清理了56×2=112船淤泥？"犹利叫道。

"当然是。"龙公主说，"第二天清理出的淤泥数量是第一天的一半，第一天就清理出了112×2=224船淤泥。"

"而第一天清理出的淤泥船数是所有淤泥的一半，则淤泥总数为224×2=448船了。"龙公主得意地翘起尾巴。

龙兄弟根据妹妹的答案，马上把自己的工作成绩公布出来。

它们受到了热烈的赞美，收到许多礼物。为了感谢龙公主，它们不仅把裙子送给它，还任由它在礼物堆里挑选自己喜爱的礼物。

448

雪橇上的果子狸

看到窗外飘起纷纷扬扬的雪花，果子狸海娜立即拿起了纸和笔，给表哥写了一封信，说它们马上就要乘着雪橇到地下城的下下城做客。

"一路顺着冰面，两天后的傍晚我们就能够到达。赶快为我们准备丰盛的晚餐吧。"海娜刚写完，急急忙忙把信送给了龙兄弟。

可是，糟糕，雪橇由于年久失修，居然坏掉了。

"都怪我的急性子。"海娜气得直拍脑袋，"如果造不好雪橇，无法在两天后到达，那么多美味的食物就浪费掉了。"

果子狸碧娜也跟着姐姐着急，却一时拿不出什么主意。

果子狸伊莱挺起胸脯，走到海娜身边，它是果子狸王国的最高指挥官，平日里无论什么大小事情，都是它与海娜商量。

"照我看，把雪橇上的破烂木板扔下去，重新搭上几块木板。"伊莱说，"这样，马上就可以上路，在两天后的傍晚一定能够到达。"

急性子的海娜想都没想就答应了。

可是，等伊莱指挥果子狸抬上木板，新的问题又来了。

"钉这么厚和大的木板的铁钉很长，必须去定做。"碧娜

说，"我们也没有那么大的锤子。想要安排好这些，至少需要一个星期的时间。如果不钉结实，到时候果子狸坐上去一定东倒西歪，前仰后摔。"

海娜急得直哽咽："都怪我，不该那么急。这一次，我们真的赶不到了。"

"也许还有挽救的余地。"果子狸伊莱说，"木板虽然很长，但如果掌握好比例，就不会倒塌。"

"你是说，两边坐的数量相等？"碧娜说，"虽然数量相等，可是大大小小的果子狸重量却不相等呀。"

伊莱要两姐妹赶快去收拾东西，它亲自指挥果子狸上雪橇。

所有的果子狸聚集到三个雪橇四周。

伊莱大叫：“每只小果子狸的重量都差不多，而5只母果子狸等于1只公果子狸的重量。所以，第一车雪橇就坐50只母果子狸与10只公果子狸。”

第一车雪橇马上坐满了果子狸，正像伊莱预料的那样，木板由于重量平衡，并没有翻掉，还很稳固。

“第二车，1只母果子狸等于4只小果子狸的重量。”伊莱说，“这一车，上10只母果子狸与40只小果子狸。”

所有的果子狸上了雪橇，像第一车雪橇一样稳固。

急性子的海娜不想耽误时间，马上命令伊莱先指挥前两车果子狸往地下城赶。

当后面的果子狸以为第三车果子狸也可以稳稳当当地坐上

去，赶往地下城时，却没想到，剩下的果子狸并不像伊莱曾经说过的那样，既不是母果子狸与公果子狸，也不是母果子狸与小果子狸。

而全是公果子狸与小果子狸。

正当大家乱作一团，果子狸小糊涂说话了："别急，1只公果子狸等于5只母果子狸的重量。而1只母果子狸，等于4只小果子狸的重量。这样看，就是4乘5，一共是20只小果子狸与1只公果子狸坐在一起，才能平衡了。"

众多的果子狸按照小糊涂的指挥，全都爬上雪橇。雪橇平稳地在冰面上行进着，很快就到达了地下城。

它们受到穿山甲们的热情招待，不仅享受到丰盛的下下城之宴，还度过了一个温暖的冬天。

一模一样的猫

"谁？"这是美娜接连第三个晚上从睡梦中惊醒，它听到不知从什么地方传来细弱的哭泣声。

美娜跳到地上，翻开小床，打开所有的柜子，又攀到天花板上，都没有找到那个哭泣的家伙。

"真的是个梦吗？"美娜嘀咕着，"可是，怎么会接连三天做同样的梦？"

它正自言自语，忽然又听到哭泣声。

美娜竖起耳朵，果真是有谁在哭，而不是一个梦。

美娜小心翼翼地在房间里走着："你是谁，在什么地方？"

"我是美娜，就在这个房间里。"这个声音顿时让美娜毛骨悚然，因为听起来几乎与它的声音一模一样。

"胡说。"美娜叫道，"这里只有我。"

"快救我。"这个声音说，"我又冷又饿，我快要死掉了。"

美娜浑身发着抖："你究竟藏在什么地方？"

"把沙发移开。"这个声音说。

美娜胆战心惊地移开沙发，果然看到了另一个自己。它吓得朝后退了一

步，想找别的同伴去帮忙。

"我不是幽灵，更不是妖怪。"地上好像在一汪水中的美娜的影子说，"而是一只名字叫美娜的母猫。我流浪到这里，发现我不仅名字与你一样，还与你长得一样，就躲进了你的卧室。可是，被祖先铠甲勇士发现了，就把我关到这里。"

美娜退后一步，一脸狐疑地盯着好像自己影子的母猫。

"把我放出去，我就离开。"小母猫痛哭流涕，"这全都怪我自己贪得无厌，常常装作你的样子四处指挥母猫干活儿，翻找食物柜里的东西。"

美娜小心翼翼地朝前走了一步，发现这居然是一口透明的井。

在井底，另一个与自己长得一模一样的小母猫好像漂在水中一样不停地浮动，身上充满波纹。

它动了恻隐之心，找来一条绳子："我把你救上来，你可以在地下城生活，但不能再偷东西。"

小母猫连忙摇摇头："不，我只喜欢自由自在地生活。我要回到我的家乡去。"

美娜把绳子折了3折，井外余了1米，小母猫顺着绳子往上爬，几次都滑下去了。

美娜百思不得其解，又把绳子折了5折。

这一次，绳子离水面还差5米。

它正要再想一种办法，却没想到小母猫哭了起来："我以为是祖先铠甲勇士在骗我。它说，如果不算出井

有多深，不管投到井下的绳子有多长，我永远也出不去。"

美娜很可怜小母猫："先别急着哭，刚才我用的第一种方法救你，说明绳子比3倍井深多3米。用第二种方法救你，说明绳子比5倍井深少25米。"

"这样根本无法知道井有多深。"小母猫绝望地叫着。

"当然可以。"美娜说，"3倍井深与5倍井深相差1×3+5×5等于28米。井深就是28÷（5－3）等于14米。"

"可是，绳子的长度我们还不知道。"小母猫不那么沮丧了，信任地盯着美娜。

"绳长为（14+1）×3，等于45米。"美娜说。

它刚说完，井消失了，与它长相一模一样的小母猫就站在它的眼前。小母猫很是感谢美娜，它一摇尾巴快速地跑出了地下城，决定再也不来捣乱了。

1. 下面的算式中的"数""学""俱""乐""部"这五个汉字各应代表什么数字?

$$
\begin{array}{r}
1\ 数\ 学\ 俱\ 乐\ 部 \\
\times \qquad\qquad 3 \\
\hline
数\ 学\ 俱\ 乐\ 部\ 1
\end{array}
$$

2. 有同样大小的红、白、黑珠,按先4个红的,再6个白的,再3个黑的排列。第144个珠是什么颜色?

3. 用一根绳子测井台到井水面的深度,把绳子对折后垂到水面,绳子超过井台1.2米;把绳子三折后垂到水面,绳子超过井台0.2米。绳子长多少米,井台到水面的距离是多少米?

4. 一串珠子,按照3颗黑珠、2颗白珠,3颗黑珠、2颗白珠……顺序排列。问:①第14颗珠子是什么颜色的? ②第1998颗珠子是什么颜色的?

5. 甲、乙二人比赛爬楼梯,甲跑到四层时,乙恰好跑到七层。照这样计算,甲跑到七层时,乙跑到几层?

6. 2头猪可换4只羊,3只羊可换6只兔子,5头猪可换几只兔子?

7．简便计算

999+998+997+996+1000+1004+1003+1002+1001

8．在一段公路的一旁栽95棵树，两头都栽。每两棵之间相距5米，这段公路长多少米？

9．一个木工锯一根长13米的木条。他先把一头损坏部分锯下1米，然后锯了5次，锯了许多一样长的短木条，求每根短木条长多少米？

10．2014年9月1日是星期一，那么12月31日是星期几？

11．妈妈买来一些橘子，小明第一天吃了一半多2个，第二天吃了剩下的一半少2个，还剩下5个。妈妈买了多少个橘子？

12．40把锁的钥匙搞乱了，为了使每把锁都配上自己的钥匙，至少要试多少次？